先进复合材料成型技术

祖 磊 张桂明 张 骞 编著

科学出版社

北 京

内 容 简 介

本书详细介绍了目前先进树脂基复合材料成型技术,主要内容包括:纤维缠绕成型技术,复合材料拉挤成型技术,复合材料液体成型技术,复合材料模压成型技术,复合材料自动铺放成型技术,复合材料热压罐成型技术和复合材料固化炉成型技术。各个部分包括材料体系、成型机理、设备、工艺和应用等方面。

本书适用于树脂基复合材料行业相关的设计、制造、研发、工程技术人员和对其感兴趣的读者,对相关领域人员有一定参考价值。亦可作为高等院校复合材料、飞行器制造、机械制造类专业或相关专业教材。

图书在版编目(CIP)数据

先进复合材料成型技术/祖磊,张桂明,张骞编著. —北京:科学出版社,2021.9
ISBN 978-7-03-068580-3

Ⅰ. ①先… Ⅱ. ①祖… ②张… ③张… Ⅲ. ①复合材料-成型 Ⅳ. ①TB33

中国版本图书馆 CIP 数据核字(2021)第 064700 号

责任编辑:蒋 芳 曾佳佳/责任校对:杨聪敏
责任印制:张 伟/封面设计:许 瑞

科 学 出 版 社 出版
北京东黄城根北街 16 号
邮政编码:100717
http://www.sciencep.com
涿州市般润文化传播有限公司 印刷
科学出版社发行 各地新华书店经销
*
2021 年 9 月第 一 版 开本:720×1000 1/16
2024 年 1 月第三次印刷 印张:12
字数:240 000
定价:99.00 元
(如有印装质量问题,我社负责调换)

前　言

先进树脂基复合材料具有高比强度、高比模量、耐疲劳性能好、减振性能好和可设计性强等优点，在国防科技领域及民用工程中有着广泛的应用，在航空航天等领域可实现其他材料所不能实现的减重效益，某些大型客机的先进树脂基复合材料使用占比已经达到了50%，其用量已经逐渐成为评价航空结构制造领域先进性的指标之一，且日益成为高端工业如汽车、船舶、轨道交通、电力及化工等行业产品设计和制造的重要材料。

先进树脂基复合材料制造技术的发展很大程度上决定了复合材料成型构件的成本和性能。随着先进复合材料在各领域的应用和发展，其构件逐渐呈现结构大型化、复杂化，对整体质量和生产效率的要求越来越高，传统手工铺贴为主的成型工艺已经不能满足日益发展的复合材料产品对生产自动化、智能化、精细化的要求，以纤维缠绕为主的多种复合材料成型工艺蓬勃发展，在各领域得到更广泛的应用。

结合目前航空航天等领域复合材料成型技术的实际应用，本书详细介绍了目前先进树脂基复合材料相关成型技术，主要内容包括：复合材料自动制造技术最早最成熟的纤维缠绕成型技术；制造各种等截面复合材料型材的拉挤成型技术；适合近净尺寸低成本批量生产的复合材料液体成型技术；利用树脂固化反应中各阶段特性来实现制品成型的复合材料模压成型技术；融合纤维缠绕技术发展而来的复合材料自动铺放成型技术；高温固化成型的复合材料热压罐成型技术和复合材料固化炉成型技术。本书从成型技术的原理入手，强调理论与实践的结合，注重体现复合材料成型技术知识的基础性、系统性、完整性、实用性，也特别注意介绍近年来有关成型工艺各方面发展的新进展。

本书由合肥工业大学祖磊、张桂明、张骞编著，编写分工如下：祖磊（第1、2、6、7章），张桂明（第3、4章），张骞（第5、8章），全书由祖磊统稿。

在整理和编著本书的过程中，作者引用参考了国内外相关领域的书籍和学术期刊论文，在此一并感谢。尽管作者衷心希望奉献一本高质量书籍，但受作者水平所限，难免有不足和需要完善之处，恳请广大读者批评和指正。

作　者

2021 年 3 月

目　　录

第1章 绪　　论

1.1　复合材料的定义与分类

1.1.1　复合材料的定义

复合材料是由两种或两种以上不同材料，在宏观上通过物理或化学的方法复合而成的一种完全不同于其组成材料的新型材料。复合材料主要由两大部分组成：增强材料和基体。增强材料承担结构的各种工作载荷；基体起到保护和黏结增强材料、传递载荷的作用。

1.1.2　复合材料的分类

根据复合材料的定义，其命名以"相"为基础，即将分散相（增强材料）材料放在前面，连续相（基体）材料放在后面，如由碳纤维和环氧树脂构成的复合材料为"碳纤维环氧复合材料"。通常为了书写简便，在增强材料与基体材料之间加半字线（或斜线），再加"复合材料"。如上面的碳纤维环氧复合材料可写作"碳纤维-环氧复合材料"，更简化一点可写成"碳-环氧"或"碳/环氧"。

按照不同的标准和要求，复合材料通常有以下几种分类法。

1. 按使用性能分类

按使用性能不同，复合材料可分为功能复合材料（functional composite）和结构复合材料（structural composite）两大类。利用复合材料的各种良好力学性能（强度、刚度、韧性等）制造结构的材料，称为结构复合材料，它主要由基体材料和增强材料两种组分组成。其中增强材料承受主要载荷，提供复合材料的刚度和强度，主要决定其力学性能；基体材料固定和保护增强纤维，传递纤维间剪力和防止纤维屈曲，并可改善复合材料的某些性能。显然，纤维复合材料的基本力学性能主要取决于纤维和基体的力学性能、含量比、增强方式以及它们之间的界面黏结性质等。

功能复合材料是指除力学性能以外还提供其他物理性能（声、光、电、磁、热等）并包括部分化学和生物性能的复合材料，如摩阻复合材料，透光复合材料，绝缘复合材料，阻尼复合材料，压电复合材料，磁性复合材料，导电复合材料，超导复合材料，仿生复合材料，耐高温复合材料，隐身吸波复合材料，多功能（如耐热、透波、承载）复合材料，绝热、隔音、阻燃复合材料等。功能复合材料主要由基体和一种或多种功能体组成。在单一功能体的复合材料中，功能性质由功能体提供；基体既起到黏接和赋形的作用，也会对复合材料的物理性能有影响。多元功能体的复合材料具有多种功能，还可能因复合效应而出现新的功能。综合性多功能复合材料将成为功能复合材料的发展方向。功能复合材料可以通过改变复合结构的因素（如复合度、连接方式、对称性、尺寸和周期性等），大幅度、定向化地调整物理张量组元的数值，找到最佳组合，获得最优值。材料多功能化是目前复合材料发展的主要趋势之一。

智能复合材料是功能类材料的最高形式，它能根据设计者的思路要求实现自检测、自诊断、自调节和自预警等各种特殊功能。"智能复合材料"这个名称起源于欧美的机敏材料（smart material）、主动适应性材料（active and adaptive material）及日本的智能材料（intelligent material），是模仿生命系统，能感知环境变化，并能实时地改变自身的性能参数，做出所期望的、能与变化后环境相适应的复合材料。智能复合材料具有的功能可以归纳为三个方面：感知功能，即对局部应变、损伤、温度、应力、声音、光波等产生自动感知；通信功能，即在感知外部信息之后进行信息的传输；动作功能，即通过改变结构外形和结构应力分布，改变热、电、磁、光、声和化学选择能力，改变渗透性、降解功能来使材料执行动作。把感知材料、信息材料和执行材料三种功能材料有机地复合或集成于一体，可实现材料的智能化。智能复合材料是微电子技术、计算机技术与材料科学交叉的产物，在航空航天飞行器、机器人、建筑、工程结构、机械、医学等许多领域展现了广阔的应用前景。由于它具有反馈功能，与仿生和信息密切相关，其先进的设计思想被誉为材料科学史上的一大飞跃，已引起世界各国政府和多种学科科学家的高度重视。

2. 按增强纤维类型分类

强调增强体时，可按增强纤维类型分为碳纤维复合材料、玻璃纤维复合材料、芳纶纤维复合材料、超高分子量聚乙烯纤维复合材料、硼纤维复合材料、聚对苯撑苯并二噁唑（PBO）纤维复合材料、连续玄武岩纤维复合材料、陶瓷纤维复合材料、混杂纤维复合材料等。

3. 按基体材料类型分类

强调基体时，可按基体材料类型分为树脂基复合材料、金属基复合材料、无机非金属基复合材料，如图1.1所示。

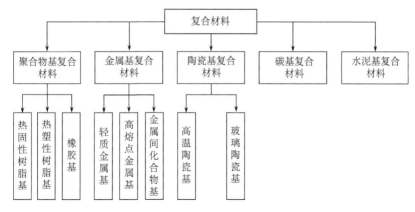

图 1.1　复合材料按基体材料类型分类

4. 按复合材料结构形式分类

按复合材料结构形式可分为层状复合材料、三维编织复合材料和夹层复合材料。层状复合材料是将物理性质不同的复合材料薄片或单一材料薄片黏结成层状的板或壳，如纤维增强复合材料层合板、将纤维复合材料薄片和铝合金薄片黏结在一起的混杂层合材料；三维编织复合材料是将纤维束编织成三维预成型骨架，然后注入基体制成的复合材料，它克服了层状复合材料层间剪切强度低的弱点，具有较高的抗冲击强度和损伤容限；夹层复合材料是在两块高强度、高模量的复合材料薄面板之间填充由低密度的厚芯材（蜂窝或硬质泡沫塑料）组成的结构物，它具有弯曲刚度强和质量轻的优点。

5. 按分散相的形态分类

按分散相的形态可分为连续纤维增强复合材料，纤维织物、编织体增强复合材料，片状材料增强复合材料，短纤维或晶须增强复合材料，颗粒（弥散、纳米、片晶）增强复合材料。

本书研究的主要对象为由连续纤维增强复合材料构成的结构，基体为树脂，这类复合材料简称为纤维增强塑料（fiber reinforced plastic，FRP）。本书中所提及的复合材料，如未另加注明，均指这类纤维增强塑料。

1.2　复合材料的特点

复合材料具有以下特点。

1）高比强度与高比模量

碳纤维具有很高的比强度与比模量，其强度、模量等指标与金属材料并没有明显的差距，主要是其密度极小。所以比强度与比模量都远高于金属材料。因此，这种特性决定了在实际应用中，在单位质量相同的条件下，碳纤维复合材料的承载能力较强，而承载能力相同时，碳纤维复合材料的质量更小。对于航空航天产业，减轻结构自重是一个永恒不变的话题。

2）良好的抗疲劳性能

碳纤维复合材料本身具备极高的抗疲劳特性。具体来说，当材料在受到一定的荷载以后，内部裂纹会逐步扩展，从而加速材料的断裂。碳纤维复合材料在应用过程中，碳纤维与基体之间的作用可以在一定程度上避免裂纹的扩展，因此，其具有良好的抗疲劳特性。

3）具有更高的破损安全性

在传统金属材料的应用中，一旦其受到破坏作用，其破坏、开裂、脱黏过程基本可以一步到位。而碳纤维复合材料则不同，碳纤维复合材料的破坏作用并不是瞬时的过程。如果断裂的只是材料中的少部分纤维，那么依然可以进行荷载的传递与分布，在一定程度上还可以对破坏作用起到一定的保护与延缓作用。

4）具有良好的减振性

碳纤维复合材料的自振频率与本身的形状、材料比模量二次方等存在紧密的联系。一般情况下，材料的自振频率较高，但是碳纤维复合材料的界面可以进行能量的吸收，因此，其具有良好的减振性能。

5）耐高温、耐腐蚀

碳纤维复合材料本身具有耐高温、耐腐蚀的特性，它对一般的有机溶剂、酸、碱都具有良好的耐腐蚀性，不溶不胀，耐蚀性出类拔萃，完全不存在金属生锈的问题。曾经有学者将聚丙烯腈基（PAN）碳纤维浸泡在强碱氢氧化钠溶液中 30 年，它依然能够保持纤维形态。这种特性可以使碳纤维复合材料广泛地应用于各种生产中。

6）性能可设计性

因为碳纤维复合材料主要是通过碳纤维与树脂复合而成的，因此改变碳纤维的含量、尺寸以及排布方向，都能得到力学性能各异的构件。设计人员可以根据机械构件的承载特点专门对碳纤维复合材料进行设计，就可以大大提高材料性能的利用率，进一步减轻结构自重。

1.3　复合材料成型技术

（1）复合材料缠绕成型（filament winding，FW）技术。复合材料缠绕成型技术是指将碳纤维单丝缠绕在碳纤维轴上，适用于制作碳纤维圆管以及空心的碳纤维制品。

（2）复合材料拉挤成型技术。复合材料拉挤成型技术是指将碳纤维完全浸润，通过拉挤去除多余的树脂以及空气，然后在炉内固化成型的技术。这种方法简单，适用于制备碳纤维棒状和管状零部件。

（3）复合材料液体成型（liquid composite molding，LCM）技术。复合材料液体成型是指将液态聚合物注入铺有纤维预成型体的闭合模腔中，或加热预先放入模腔内的树脂膜，液体聚合物在流动充模的同时完成树脂对纤维的浸润并经固化成型为制品的一类技术。

（4）复合材料模压成型技术。复合材料模压成型是指将预浸树脂的碳纤维原料放入金属模具中，加压后使多余的胶液溢出，然后经过高温固化成型，脱模后可得到成品。这种成型技术普遍用于制作碳纤维汽车零部件或者碳纤维工业配件。

（5）复合材料自动铺放成型技术。自动铺放成型技术是替代预浸料（prepreg）手工铺叠的一种复合材料成型技术，根据预浸料形态，自动铺放可分为自动铺带（automated tape layer，ATL）与纤维自动铺丝（automated fiber placement，AFP）两类，自动铺带与自动铺丝的共同特点是自动化高速成型、质量好，主要适于大型复合材料构件成型。

（6）复合材料热压罐成型技术。热压罐成型技术是目前国内外先进树脂基复合材料常见的成型技术之一，热压罐是航空复合材料制品高温固化成型的关键工艺设备。将预浸料按预设方向铺叠成的预成型体封装在真空袋内，之后放入热压罐，在放入热压罐加温固化之前需要抽真空，然后在热压罐高温、加压的作用下固化成型。

（7）复合材料固化炉成型技术。复合材料固化炉成型技术是树脂基复合材料固化成型的一种最普遍通用的成型技术。固化炉成型技术的最大优点在于它能在很大范围内适应各种材料对加热工艺条件的要求，几乎能满足所有的聚合物基复合材料的成型要求。

1.4　复合材料的应用

碳纤维的应用领域日益拓宽。飞机工业、汽车工业、新能源和基础设施是碳纤维应用的最大市场，而海洋油田是最大的潜在市场。

1.4.1　飞机工业

飞机的设计减重和轻量化是永恒的主题。现代飞机已大量采用碳纤维复合材料，包括战斗机、直升机、无人飞机和大型民航客机。复合材料在飞机上的应用，经历了从活动面、尾翼等次承力结构到机翼和机身等主承力结构等一系列的发展演变过程。国外先进战斗机的复合材料用量达到了机体结构质量的 25%～40%。例如，20 世纪 80 年代首飞的法国"阵风"（Rafale）飞机在垂尾、机翼、机身结构应用的复合材料，占全机结构质量的 30%；瑞典 JAS-39 飞机的机翼、垂尾、鸭翼、舱门等应用的复合材料，占比达 30%；90 年代首飞的美国 F-22 战斗机的机翼、前中机身、垂尾、平尾及大轴等结构上应用的复合材料，占比达 25%；英、德、意、西联合研制的"台风"（EF2000）飞机的机翼、前中机身、垂尾、前翼等应用的复合材料，占比达 40%；2000 年后首飞的先进的 F-35 战斗机的机翼、机身、垂尾、平尾、进气道等复合材料用量达到整体结构质量的 36%。

空客 A380 大型客机应用的复合材料占结构重量的 25%左右，复合材料在中央翼、外翼、垂尾、平尾、机身地板梁和后承压框等部位应用。空客 A380 的复合材料制件尺寸大，单件质量重，如中央翼盒达 5.3 t，同铝合金结构相比，实现减重 1.5 t。其平尾尺寸大，半展长 19 m，大小超过 A320 的机翼，且结构复杂，为整体油箱结构，是目前世界上客机上的最大复合材料整体油箱。空客 A 系列飞机复合材料的应用部位及用量随型号的更新逐渐增大且重要性增加，典型地反映了复合材料在飞机上的发展历程，从整流罩（雷达罩）（A300）开始，经方向舵、扰流板、减速板（A310）、升降舵、垂尾翼盒（A310-300）、襟翼、平尾翼盒、起落架舱门、发动机短舱（A320），到整体平尾翼盒、副翼（A330-300；A340-300）、后压力舱、龙骨梁、J 形前缘（A340-600）。复合材料在大型民机上的应用正符合民机对安全性、经济性、舒适性和环保性发展的要求，也是航空材料技术发展的重要方向之一。以波音 787 为例，每架飞机用碳纤维复合材料 50 t，折算成碳纤维为 35 t 左右，用量相当可观。

1.4.2　汽车工业

英国材料科学实验室（Materials Science Laboratory, MSL）的研究结果表明，在各种材料制造的车身中碳纤维复合材料是最轻的，尤其是与钢制车身相比，轻量化效果达 53%以上。碳纤维复合材料具有良好的抗冲击性和能量吸收能力，良好的碰撞安全性可以减少撞击可能产生的碎片。碳纤维复合材料质量仅有钢的 50%左右，在碰撞时吸收能量的能力却是钢或铝的 4～5 倍，使汽车碰撞安全性显著提高。例如，碳纤维复合材料制成的两根纵梁应用于梅赛德斯-奔驰 SLR 跑车，可以彻底吸收正面碰撞时产生的能量，以保证乘客厢的结构基本不受影响。碳纤维复合材料振动衰减系数大，吸振能力强，不仅能减轻车的质量，还可以减少振动、降低噪声，从而增加乘坐舒适度。

政府制定严格的车辆燃料经济性标准和 CO_2 排放法规是新能源汽车选择碳纤维复合材料的重要推手。电动汽车的结构形式所需的条件非常独特：电动汽车的传动系比满油箱的内燃机汽车的传动系还要重，在同样续驶里程条件下，电动汽车的质量比传统汽车超出 200～300 kg 甚至更多。因此为保证电动汽车有较好续驶里程和可承受的成本，电动汽车的车身质量必须减重 50%以上。在所有轻量化材料中，碳纤维复合材料是唯一能将钢制零部件减重 50%～60%，却能够提供同等强度的先进材料。

将碳纤维复合材料应用于汽车领域领跑全球的是德国宝马公司。宝马公司开发的 BMW 3 系列的 Touring 和 X5 的后扰流板，BMW Z4 硬顶、后保险杠支架等，都是采用 Zoltek 公司生产的大丝束碳纤维；宝马公司生产的纯电动汽车 i3 全车身采用碳纤维复合材料制造。与钢铁质地相比，这种基本构造实现的轻量化效果高达 350 kg。i3 的车重为 1260 kg，虽是一款通常会因配备充电电池等而增重的纯电动汽车，但仍比普通发动机车（约 1400kg）轻 140kg 左右。碳纤维插电式混合动力车"艾瑞泽 7"车型，车身采用碳纤维复合材料，外壳质量减轻 10%，油耗降低 7%；车身总体减重达 40%～60%。

1.4.3　海洋油田

海洋油田将是碳纤维复合材料应用最大的潜在市场。陆上油田的开采可以使用钢材，但海水对钢材的腐蚀十分严重，使其使用寿命大大缩短。同时，钢材密度大（7.8 g/cm^3），在海洋中使用需大量的浮力支撑物，必然加大投资，特别是 3000 m 的深海油田，几乎只能采用碳纤维复合材料。

1.4.4　风力发电

风力发电在世界上发展很快，在我国发展更快。目前复合材料在风力发电中的应用主要是转子叶片、机舱罩和整流罩的制造，随着大型、超大型海上风力发电机的制造和陆续投入运行，碳纤维在风电叶片上大规模应用，制造 3 MW 以上的大功率风电机组，叶片长度在 50 m 以上，需要大量使用轻而强、刚而硬的碳纤维复合材料。近年来，风电叶片实现快速发展，叶片长度从 2015 年的 40～50 m 增长至如今的 80～90 m 甚至 100 m 以上。叶片成本占风机总成本的 20%左右，叶片材料占叶片成本 80%甚至 85%以上。

1.4.5　碳纤维复合芯电缆

碳纤维复合芯电缆（aluminium conductor composite core, ACCC）已研制成功并得到实际应用，逐步取代钢芯铝绞电缆（aluminium conductor steel reinforced, ACSR）。ACCC 的特点是质量轻、强度高，可提高传送容量并降低损耗，同时，弛度小，可减少塔杆数并节约用地。

1.4.6 基础设施和土木建筑

基础设施和土木建筑是碳纤维复合材料的大用户之一。公路、高速公路和铁路桥梁遍及我国各地，构成四通八达的交通网。它们的维修和增强加固的措施之一就是使用复合材料。

综上所述，随着碳纤维质量的不断提高、产量的扩大和价格的下降，其应用领域日益拓宽，用量与日俱增。

第 2 章　纤维缠绕成型技术

2.1　概　　述

2.1.1　缠绕成型技术概念及分类

先进复合材料具有比强度高、比模量大、耐疲劳性能好、减振性能好和可设计性强等优点，在国防科技领域及民用工程中有着广泛的应用。复合材料用量已成为评价航空航天器性能的重要指标之一。在树脂基复合材料生产技术中，纤维缠绕技术是最早开发和应用最广泛的加工技术，相比于其他生产工艺，纤维缠绕复合材料制品可按照产品的结构特征和受力状况来设计缠绕规律，能够充分发挥纤维的强度，并且具有纤维排列整齐、准确率高等特点，已广泛应用于航空航天及民用工业中，如火箭发动机壳体、飞机机身、航空发动机叶片、叶环及机匣、车用燃料气瓶、医用氧气瓶、油气储罐及管道等。

缠绕成型工艺主要是将浸过树脂胶液的连续纤维（或布带、预浸纱）在导丝嘴的导引下按照一定的线形规律均匀稳定地缠绕到芯模上，然后经固化处理后获得制品。纤维缠绕成型工艺是主要应用于具有轴对称结构制品的一种成型技术，按其结构主要分为有内衬和无内衬两大类，其制品性能稳定性较好，图 2.1 为纤维缠绕工艺的示意图。

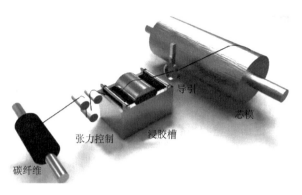

图 2.1　纤维缠绕工艺示意图

纤维缠绕成型过程按照制品在缠绕过程中的工艺特点分为干法缠绕、湿法缠绕和半干法缠绕三类。

1）干法缠绕成型工艺

干法缠绕成型工艺是指将连续纤维粗纱浸渍树脂加热，在一定的温度下除去溶剂，使树脂胶液反应到一定程度后制成预浸带，然后将预浸带按照一定的规律缠绕在芯模上。用该方式进行缠绕制品生产时，工艺过程易于控制，可以实现较高的缠绕速度，且缠绕设备可以保持清洁，有较好的缠绕环境，生产出来的缠绕制品质量比较稳定。干法缠绕通常应用于对制品性能要求高的领域，如航空航天领域。

2）湿法缠绕成型工艺

湿法缠绕成型工艺是指将连续纤维纱或纤维布经过胶槽浸渍树脂后，在丝嘴的引导下直接缠绕在模具上，然后固化成型的方法。该方法应用比较广泛，对缠绕设备和材料的要求不高，适用于生产大部分的缠绕制品。但由于纱带是在浸渍树脂后直接缠绕在模具上，且张力作用不稳定，所以纱带的质量很难保证。相比于干法缠绕，湿法缠绕纤维在模具上的稳定性差，因此湿法缠绕工艺稳定性的控制是缠绕顺利进行的保障。

3）半干法缠绕成型工艺

半干法缠绕相对于湿法缠绕是在纤维浸胶与芯模缠绕之间加入烘干装置，一方面可以省去预浸胶环节，节约成本，另一方面可以增加树脂黏度，有效减少成品中的气泡含量，提高纤维缠绕质量。

缠绕成型的各个方法都是依据现实生产条件和对制品质量的要求来选择的，任何一种方法都有其特定的用途和适用条件，三种缠绕方法中，以湿法缠绕应用最为普遍，干法缠绕仅用于高性能、高精度的尖端技术领域。

在确定所用缠绕工艺后，根据芯模形状和设计要求，选择一种缠绕方式或几种缠绕方式混合来开始缠绕规律的设计。根据纤维在芯模上的排布特点，缠绕方式分为环向缠绕、螺旋缠绕和纵向缠绕三种。

1）环向缠绕

环向缠绕指的是纤维做类似于环向圆周运动的缠绕方式。缠绕时，芯模绕自轴匀速转动，而丝嘴做平行于轴线方向的运动。芯模自转一周，丝嘴相当于移动了一个纱片的宽度。根据纱宽的设置和模具尺寸大小，通常环向缠绕角在 85°～90°。缠绕示意图如图 2.2 所示。

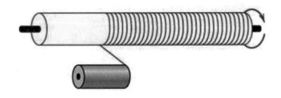

图 2.2　环向缠绕

2）螺旋缠绕

螺旋缠绕类似于环向缠绕，其缠绕角在 5°～80°。通常螺旋缠绕过程中，丝嘴的运动和主轴的旋转是按照模具上纤维的排布形式和制品的强度进行计算和设置的。螺旋缠绕的可设计性强，其工艺参数的改变对制品性能的影响大，是研究最广泛的一种缠绕方式。缠绕示意图如图 2.3 所示。

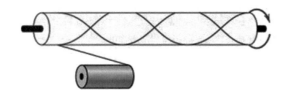

图 2.3　螺旋缠绕

3）纵向缠绕

纤维纵向缠绕过程中，芯模绕自轴以缓慢的速度旋转，芯模在丝嘴每转动一周时就会转动一个很小的角度，角度对应在芯模表面上的弧度就大约等于一个纱片的宽度。纵向缠绕的特点是，缠绕在芯模表面的纤维轨迹近似一条平面密闭曲线，因此纵向缠绕又称平面缠绕。缠绕角通常在 0°～25°，缠绕示意图如图 2.4 所示。

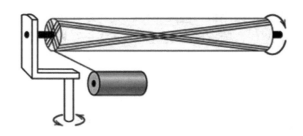

图 2.4　纵向缠绕

纤维缠绕成型的优点：

（1）可设计性强。纤维可按结构所承受应力的方向铺设，充分发挥其各向异性的特点，减少了冗余。采用适当的线型设计，能够获得等强度的复合材料制品。

（2）精度高。在各种复合材料成型工艺中，纤维缠绕成型时铺设纤维的精度最高，特别是在配备精密张力控制系统后，缠绕制品的精度达到了更高水平。

（3）生产率高。纤维缠绕工艺设备具有机械化、自动化和高速化等特点，使生产率大幅度提高，便于大批量生产。

（4）能够成型大型结构，如缠绕热压罐（用于加热固化强度要求较高的缠绕构件），并且可以现场成型大型结构，省去运输的麻烦。这一点是其他成型方法所无法比拟的。

（5）强度高。纤维缠绕成型的复合材料纤维含量高，缠绕过程中纤维受张力的作用，给芯模或下层纤维施以正压力，减少甚至可以省去缠绕构件放入热压罐中固化时的加压环境，强度也较高。

（6）质量轻。一般来说，玻璃纤维压力容器与同体积的钢制压力容器相比，质量可减轻 40%～60%。

（7）整体成型。它可以连同其他一些部件一起缠在纤维中，减少了其他方法常遇到的拼装、连接问题，改善了结构抗疲劳特性。

缠绕成型的缺点：

缠绕成型适应性小，不适用复杂结构制品，尤其是凹曲面芯模结构以及一些复杂非轴对称结构。在缠绕凹曲面芯模结构时，纤维难以紧贴芯模表面而导致发生架空问题。缠绕成型需要有缠绕机、芯模、固化加热炉、脱模机及熟练的技术工人，需要的投资大、成本较高且湿法缠绕的工作环境较差，对于大型结构，其成型周期较长。

2.1.2 缠绕成型技术的发展历程及趋势

纤维缠绕制品最早出现是在 1945 年缠绕制成的玻璃钢环，当时应用于原子弹工程。在 1946 年，美国申请了纤维缠绕技术专利。1947 年，美国 Kellogg 公司成功制造了世界上第一台缠绕机，随后第一台火箭发动机壳体通过缠绕工艺制造出来。在 20 世纪 50 年代，美国国家航空航天局和空军材料研究室成功使用缠绕工艺制造出了"北极星 A3"导弹发动机壳体，在成本仅为钛合金 1/10 的情况下，质量减轻 1/2，射程提高了一倍多，从而奠定了缠绕制品在高端军事领域的应用地位。20 世纪 60～70 年代，缠绕技术飞速发展，但纤维材料主要以玻璃纤维为主。随着新材料的研制，纤维缠绕制品的应用领域也愈发广泛，从最开始的军事领域逐渐拓宽到化工、污水处理、石油等领域，商业化的缠绕机也开始生产出售，美国多家公司开始生产各种高压管、污水管等复合材料制品，如直径 10 m、容积 1000 m³ 的大型储罐等。20 世纪 80～90 年代，纤维缠绕技术应用领域依然以航空和国防科技为主，但在民用领域也有了一定的发展，如压力管道、容器等。世界上第一台计算机控制缠绕机在该时期问世，计算机控制缠绕机的使用增加了缠绕精度，扩大了纤维缠绕制品的种类。20 世纪 90 年代以来，纤维缠绕技术进入高速发展阶段，多轴缠绕机的开发和研制使纤维缠绕制品的形状更加多种多样（图 2.5～图 2.8）。

随着纤维缠绕制品在高端科技领域应用的迅速增加，其已发展成为结构动力和燃料系统的关键组成部件之一。目前纤维缠绕技术已广泛应用于航空航天、国防科技和民用工业领域，包括卫星桁架、火箭发动机壳体、飞机副油箱、发动机短舱、机闸及燃料储箱；导弹、火箭发射筒、鱼雷发射管和机枪枪架；压力管道、储罐、CNG 气瓶、轴承、储能飞轮、体育器材和交通工具等。

图 2.5　玻璃钢管道

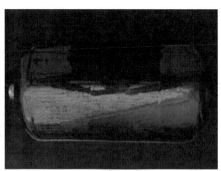

图 2.6　碳纤维复合材料气瓶

图 2.7　玻璃钢储罐

图 2.8　火箭发动机壳体

如今纤维缠绕技术向着高层次的机械化、自动化、机器人操作等方面发展，从而实现自动化缠绕成型。而纤维缠绕软件的开发是自动化缠绕的必由之路。计算机辅助设计（computer aided design, CAD）缠绕线型的研究是自动化软件开发的基石，利用计算机辅助设计缠绕线型，将有限元分析技术与纤维轨迹计算技术结合，可以简化缠绕线型的优化设计，大幅缩短产品的设计开发周期。计算机辅助设计、计算机辅助工程（computer aided engineering, CAE）和计算机辅助制造（computer aided manufacturing, CAM）的有机结合是未来自动化缠绕发展的必然趋势。

2.2　缠绕制品及其成型设备

2.2.1　缠绕用纤维及树脂

纤维缠绕成型所用基础材料为纤维纱带和树脂，缠绕制品的性能很大程度上取决于树脂和纤维复合后材料的基本力学性能。因此基础材料的选择和匹配是缠绕制品拥有较高性能的前提。

　　纤维作为复合材料中的增强体，承担复合材料所受的绝大部分载荷。纤维的种类和性能直接影响复合材料的力学性能。一定范围内纤维的体积分数越高，单位体积内承担载荷能力越强。且纤维单丝直径越小，纤维与树脂的接触比表面积增大，复合后制品的应力传递能力越强。

　　常见的纤维材料有碳纤维、玻璃纤维和芳纶纤维（图 2.9～图 2.11）。相比于其他纤维，碳纤维被广泛应用在各个领域中，是一种具有高强度、轻质、高模量特点的新型材料。

　　图 2.9　碳纤维　　　　　　图 2.10　玻璃纤维　　　　　图 2.11　芳纶纤维

　　碳纤维是一种外面看似柔软实则内部很刚硬的材料。碳纤维密度小、质量轻、比强度高、比模量大，同时它不容易被腐蚀，在高温条件下也不容易膨胀，一些高性能碳纤维尺寸较稳定、刚性好、不易变形、摩擦系数小、表面较光滑、比较耐磨，在军用和民用方面都是重要的材料。碳纤维具有碳材料和纤维的各种优良特性，是一种新的纤维增强材料。碳纤维能更好地为复合材料制品提供优异的机械性能，例如，成型后的复合材料具有低密度、高模量和高强度、抗蠕变和抗疲劳性、低热膨胀和抗吸湿性等优点。碳纤维复合材料常作为超高强度结构件和增强体用在航空航天构件和高压容器上，如飞机机身和机翼、卫星平台和风电叶片上都有碳纤维复合材料制品的应用。

　　玻璃纤维根据其化学组分可以分为 A 玻纤、C 玻纤、S 玻纤和 E 玻纤等，仅有 E 玻纤广泛应用于航空航天领域。玻璃纤维的应用可以提高制品的剪切模量，降低泊松比，同时降低制品导电、导热和热膨胀性，并且玻纤具有较低的生产成本。

　　芳纶纤维是一种用芳香族聚酰胺合成的新型有机纤维，这种纤维材料不仅与其他纤维一样具有比强度高、比模量大的特点，由于其良好的振动阻尼、抗冲击性，广泛应用于防弹和防爆领域，且比其他纤维复合材料的密度还要低，因此其质量更轻。芳纶纤维还具有不易导电、不易老化、循环寿命长的特点，因此芳纶纤维被广泛应用于航空航天等领域。

　　树脂基体具有较好的胶黏能力，主要用来黏结固定纤维材料，同时还起到分散载荷，使纤维所受载荷均匀的作用，以避免外层纤维材料被外界环境损伤。基体材料应当满足下面几点要求：

（1）树脂基体的湿热性能良好。

（2）工艺性良好，其中主要包括流动性、浸润性和黏结性。

（3）在外力作用下，不易发生永久形变，也不易被拉断，即其塑性和韧性较好。

对于树脂基体而言，不仅要有较高的传递载荷能力，良好的力学性能、黏结性能、韧性和耐候性也是复合材料中树脂基体必备的特性，这样才能保证固化后的复合材料有较高的综合性能。按照热效应特点，树脂可分为热塑性树脂和热固性树脂。热塑性树脂在复合材料成型过程中仅发生物理变化，并无化学反应。常见的热塑性树脂有聚丙烯（PP）、聚酰胺（PA）、丙烯腈-丁二烯-苯乙烯（ABS）共聚物、聚对苯二甲酸乙二醇酯（PET）和聚甲醛（POM）等，其复合材料通常用 10%～30%短切玻璃纤维增强。热固性树脂是指在使用过程中，加入固化剂、促进剂（有些树脂无须促进剂）搅拌均匀后，在一定温度下，发生不可逆的化学变化，可以形成不溶不熔固体的一类树脂。常见的热塑性树脂有环氧树脂、酚醛树脂、不饱和聚酯树脂和乙烯基酯树脂等。

2.2.2　典型缠绕制品及其结构

在纤维缠绕工艺中，压力容器制品的缠绕成型占据着重要的比例，压力容器是用于完成反应、传质、传热、分离和储存等工业生产工艺过程并能承受压力载荷的一种密闭容器，它广泛应用于石油化工、医药、食品、轻工业、航天工程、核动力工程等工业技术生产领域。根据制备材料的不同，压力容器分为金属压力容器和复合材料压力容器。全金属结构的压力容器称为Ⅰ型压力容器，目前国内金属压力容器的材料主要为碳素钢和合金钢，由于金属材料成熟的加工工艺和稳定的力学性能，Ⅰ型压力容器主要应用于化工原料的存储与运输、核反应堆容器等安全性能要求较高、使用位置相对固定的领域。金属内胆纤维环向缠绕压力容器称为Ⅱ型压力容器，根据薄膜理论，内压下筒体结构周向应力是轴向应力的两倍，通过增加环向纤维可以有效加强压力容器筒身段薄弱环节。随着高强高模纤维的产业化，工业界通过纤维在筒身段的缠绕来分担金属压力容器的应力，进而降低压力容器的总体质量。Ⅱ型压力容器采用金属内胆，常见的环向缠绕层材料为玻璃纤维、芳纶纤维、碳纤维等，但其封头上没有纤维缠绕层。

随着卫星、新能源汽车、火箭发动机系统等各种新的科技的发展，对盛装高压气体或液体的压力容器提出了气密性良好、轻质、寿命周期长等更为严苛的要求。

复合材料压力容器内层结构是主要承担防止腐蚀、耐高温的内衬结构，内层结构气密性良好，以防止内部储存的高压气体或液体渗漏，同时可以保护外层纤维层，以防其被内部储存物质腐蚀；外层为纤维缠绕增强层，纤维作为增强材料，树脂作为基体材料，纤维和树脂经缠绕固化后形成复合层外壳，主要起到承载内部压力载荷的作用；树脂是基体材料，主要起到黏结固定纤维的作用。复合材料压力容器的结构组成如图 2.12 所示。

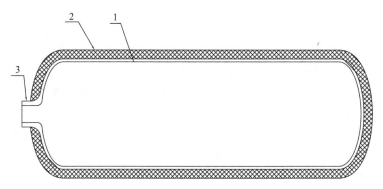

图 2.12　复合材料压力容器的结构组成

1. 内衬结构；2. 纤维层；3. 接口部分

内衬材料的选择：复合材料压力容器组成结构中的内衬结构主要起到储存容器中高压气体或液体并防止气体或液体渗漏的作用，它并不是压力容器中承担内部压力载荷的主要结构。一般来说，内衬材料包括金属内衬材料和非金属内衬材料两种。

金属内胆纤维全缠绕压力容器称为Ⅲ型压力容器。20 世纪 60 年代后，随着纤维缠绕技术的进一步发展，使用玻璃纤维和凯芙拉纤维全缠绕金属内胆的压力容器逐渐取代传统的金属压力容器。等到 80 年代后，随着无缝铝内衬旋压技术的发展和高强度碳纤维的出现，超薄铝合金内衬碳纤维全缠绕压力容器以其轻质高强、抗疲劳性好、承载性能好、安全性高、可设计性好等优点逐渐应用于航空航天、医药器材、交通运输领域。在航天器上，复合材料全缠绕压力容器用于飞行系统推进剂的储气装置和空间站宇航人员生命保障气体供气系统，以其轻量化、高强度、安全性好等特点进一步降低了发射成本，提高了空间探索活动的安全系数。而在民用领域，纤维全缠绕 CNG 气瓶在 20 世纪 90 年代逐渐成为压力容器在民用市场上的主要产品之一。

非金属内胆全缠绕压力容器称为Ⅳ型压力容器。区别于Ⅲ型压力容器，Ⅳ型压力容器使用非金属的内胆使其结构质量进一步减轻、储存效率升高，且非金属的内胆使其具有更好的耐腐蚀性、抗疲劳性。

目前以Ⅲ型气瓶为主的 CNG 气瓶以其安全性好、质量稳定、生产技术成熟的优势广泛投放在私家车、出租车、城市公共汽车等领域。进入 21 世纪后，在环境污染和能源危机的背景下，新能源汽车的研究展现出巨大的应用前景，氢能源汽车开始列入国家发展计划，而储氢技术的突破是新能源汽车商业化过程中的必经之路，因此作为储氢方式之一的高压气态储氢法，其储氢压力容器的研发逐渐成为各国政府和国内外专家学者关注的热点。由于氢气与金属会产生氢脆效应，传统的金属内衬全缠绕气瓶在氢能源汽车上的应用遇到了阻碍，此时采用高性能纤维缠绕塑料内胆的Ⅳ型压力容器再次成为研究的重点方向。

2.2.3　缠绕成型设备及辅助装置

纤维缠绕设备的先进程度标志着缠绕技术的发展水平，是发展缠绕技术的关键所在。目前我国的纤维缠绕技术已经处于成熟发展时期，纤维缠绕设备基本实现了微机全伺服控制，两轴、三轴、四轴微机控制纤维缠绕机制造技术和缠绕工艺已经成熟（图 2.13），并在管道、储罐、压力容器、电绝缘产品，以及体育休闲产品的缠绕成型方面发挥了重要作用，六轴微机控制纤维缠绕机已用于复合材料制品的研制和生产。例如，哈尔滨复合材料设备开发有限公司研制的龙门、卧式多工位多轴缠绕机；哈尔滨工业大学致力研究的大型龙门数控四轴、五轴联动缠绕机和工程应用的六轴联动纤维缠绕机；江南工业集团有限公司研制的大直径、多功能、高精度数控缠绕机；武汉理工大学研发的四轴四、八工位数控缠绕机及五轴、七轴纤维缠绕机。虽然这些年我国缠绕技术高速发展，但是缠绕设备自动化、产业化、创新化发展的速度等方面相较国外发达国家差距仍然较大。

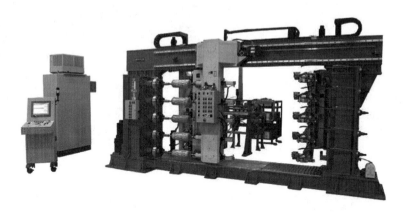

图 2.13　纤维缠绕机

机器人应用于缠绕技术可实现缠绕过程的柔性及精确缠绕。典型的机器人复合缠绕技术集成了设计、分析和制造，具有一个专业的 CAD/CAM 软件包，对缠绕制品在相应的缠绕模式下，利用生成和分析系统、机械集成系统和处理系统对缠绕过程进行控制。国外对缠绕机器人的研究趋于成熟，最初是由法国的 MF Tech 公司研究并将其商业化，机器人的使用提高了生产的灵活性，由 MF Tech 公司提供的 ARMC 设备可以在传统的缠绕生产线上工作，也可以将缠绕前后的操作集成到机器人单元中（图 2.14）。在 2013 年初，MF Tech 公司的机器人已经广泛用于实际生产中。加拿大专门从事复合材料开发和制造的 Compositum 公司自主研发了可用于多种品牌机器人和数控系统的全自动缠绕控制系统，配合 ABB 机器人、KUKA 机器人以及 Entec 缠绕机完成复合材料容器的生产（图 2.15）。荷兰 TANIQ 公司自主研发了 Scorpo 机器人，搭载自主开发的工艺设计软件，用于内嵌芯模橡胶产品的自动化生产，可更换缠绕工具分别进行增强层、橡胶层和包装胶带层的缠绕（图 2.16）。

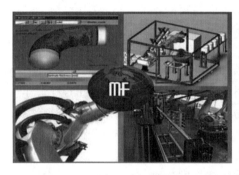

图 2.14　法国的 MF Tech 公司研究的机器人缠绕生产线

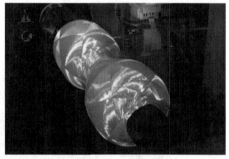

图 2.15　加拿大 Compositum 研发的机器人缠绕数控系统

图 2.16　荷兰 TANIQ 公司自主研发的 Scorpo 机器人

国内目前涉及缠绕机器人的研究较少，仅采用双臂机器人用于弯管缠绕的运动学分析等理论研究，目前尚没有机器人在实际缠绕应用中的案例。

在缠绕过程中，缠绕张力与制品的强度、疲劳性等有着密切的关系，对缠绕制品的性能影响很大。国内哈尔滨复合材料设备开发有限公司、哈尔滨工业大学等已研制出精密张力控制系统，稳定状态时波动率小于 2.8%。国外，美国的 INFRANOR、Entec、Warner Electric、Dover Flexo Electronics（简称 DFE），瑞士的 ABB，英国的 Pultrex 等都致力于张力控制器的研究并不断进行创新，目前最高精度可达到 2%以内（图 2.17）。

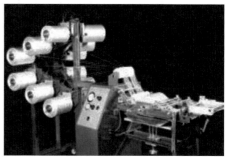

图 2.17　张力控制器

我国科技工作者在国际上最早提出了用流体（导热油等）内加热芯模固化管道的方法（图 2.18），并获专利授权，其在缠绕技术中具有以下优点：芯模无须放入固化炉内进行加热固化；加热芯模温度均匀且可控，树脂固化均匀；挥发性气体可直接排出，改善了气孔和层离现象的发生问题。目前，国内开展了多种不同方式固化技术的研究和应用，如红外加热、电磁加热、紫外线固化、电子束固化等技术研究。

图 2.18　内加热芯模和感应线圈

国外在纤维缠绕 CAD/CAM 软件的研究上已经发展到很高的水平。CAD/

CAM 软件不仅具有完善的回转体纤维缠绕轨迹设计功能，还具有异型件纤维缠绕轨迹设计功能。对于各种常见异型件，已经开发出完善的 CAD/CAM 软件进行芯模设计、线型规划以及后置处理，可以根据具体的数控系统生成相应的控制代码。如比利时 MATERIAL 公司的 CADWIND、英国 Crescent Consultants 公司的 CADFIL 软件，其中 CADWIND 历时 12 年研制，该 CAD/CAM 系统受到用户的广泛欢迎，经多年实践，开发了多个版本。然而，我国在缠绕软件的自主开发方面与发达工业国家仍有很大差距，拥有自主版权的 CAD/CAM 软件很少或是水平不高。哈尔滨工业大学结合缠绕设备的研制，正积极开发缠绕仿真软件平台 SimWind 和缠绕软件 Windsoft，并不断完善与改进，现已经推出第三个版本，逐渐形成比较成熟的纤维缠绕 CAD/CAM 软件。

2.3　缠绕成型技术设计原理

2.3.1　缠绕基础理论

以压力容器为例阐述基本定义，各个名词的示意图如图 2.19 所示。

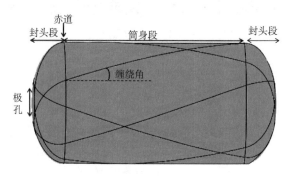

图 2.19　压力容器示意图

压力容器芯模主要分为筒身段和封头段两大部分，筒身段为中间的圆柱面，封头段一般为椭圆面，筒身段和封头段的交界处称为赤道，通常在容器末端设计一个小区域，称之为"极孔"，缠绕时不经过极孔内部，但与极孔相切。极孔处的缠绕角为 90°，且不进行缠绕，主要有以下几个原因：芯模一端或两端极孔处需要支撑结构，比如气瓶瓶嘴连接金属支撑轴，气瓶尾部连接金属支撑轴或安装堵头与顶针配合，方便芯模在缠绕机床上的夹持，它不需要纤维缠绕；成型制品两端或一端极孔需要开口，与其他结构件相连接；避免严重的厚度堆积。

缠绕角为纤维束和子午线的夹角，缠绕角在纤维缠绕的过程中起着至关重要的作用，不同缠绕角度缠绕生产出纤维制品的机械性能和外观有着很大的不同。

缠绕角的大小和纤维缠绕制品所能承受载荷的能力有非常紧密的联系。缠绕角度大小的选择主要依据纤维缠绕制品的尺寸要求、强度要求和使用功能要求。

在缠绕纤维制品时，纤维束在芯模表面可沿多条轨迹缠绕，缠绕的必要条件之一是纤维不发生滑移。由微分几何可知，曲面上任意指定两点间的最短连线叫短程线，也称为测地线，测地线轨迹是地球表面上任何两地之间的最短路线。在现代数学意义上，一条测地线轨迹是通过芯模表面两点之间的最短路线。曲面上测地线的位置最稳定，测地线缠绕为稳定缠绕，在芯模任意两点之间绷紧，不需要依靠摩擦去防止滑纱问题。

对于筒身段，任意缠绕角的螺旋线都是测地线。对于封头曲面，根据克莱罗条件方程进行计算，其测地线方程为

$$\sin \alpha = \frac{r_0}{r} \tag{2.1}$$

式中，α——测地线缠绕角度；

r_0——极孔半径；

r——任何缠绕点的芯模半径。

同一产品宜选用多缠绕角进行缠绕，以避免形成不稳定的纤维结构，在复杂应力作用下树脂受到过大的应力。

中心转角为芯模上纤维的落纱点轨迹绕轴线所形成的角度，如图 2.20 所示的 θ 角。中心转角对应着固定的线型和转速比，因此确定缠绕线型的核心是确定中心转角。对于一定几何尺寸的具体制品，并非所有线型都合适，因为线型还要满足均匀布满的要求。

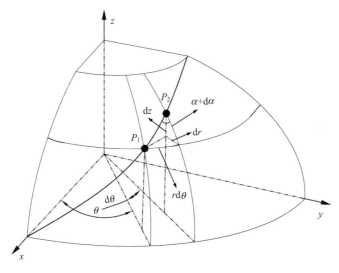

图 2.20 纤维路径示意图

如图 2.20 所示，设纤维上某点 P_1 的转角是 θ，与其相邻的下一点 P_2 的转角为 $\theta+\mathrm{d}\theta$，作过 P_1 点的平行圆平面，过 P_2 点的子午面，过 P_1P_2 作平行于 z 轴的平面，然后和封头曲面形成微小的四面体，其几何关系为

$$\frac{\mathrm{d}\theta}{\mathrm{d}z}=\frac{\tan\alpha\sqrt{1+r'^2}}{r}\qquad(2.2)$$

中心转角对于计算机的仿真模拟以及缠绕机的实际缠绕轨迹的计算是十分重要的。

切点数是分析缠绕线型的显著特征，它代表当缠绕完成一个完整的循环时，纱带与极孔相切点的个数，采用压力容器的螺旋缠绕分析最容易理解切点数的概念。

如图 2.21 所示代表纱带再次回到紧邻第 1 圈纱带后，继续第 4 圈缠绕之前，已经完成 3 个缠绕循环；这时，第 4 圈缠绕循环纱带与第 1 圈缠绕循环纱带之间的距离刚好为覆盖度控制的缠绕步长。图 2.21 所示为一个切点数为 3 的缠绕线型，在行业上有时也称为"三角星"线型，因为在芯模封头弧顶上的 3 个缠绕交叉点类似"三角星"的 3 个顶点，为了进行比较，图 2.22 给出一个切点数为 5 的缠绕线型。在这种情况下，第 6 个缠绕循环将成为第一个缠绕循环的下一个相邻缠绕，切点数参数后面包含一个跳齿分度，使用斜杠"/"分开。例如，切点数=5，跳齿分度=1，参数格式为"5/1"。

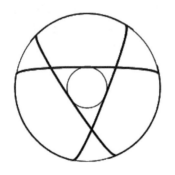 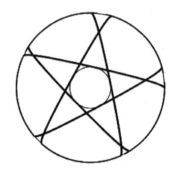

图 2.21　切点数为 3　　　　　　图 2.22　切点数为 5

应用切点数的跳齿分度星形点算法，如果存在可能的跳齿分度点，将会得到更多的缠绕线型。例如，5 切点数"五角星"缠绕线型；第 1 个缠绕循环通过第 1 个星形点，然而第 2 个缠绕循环可能通过第 2 点、第 3 点、第 4 点、第 5 点中任意一个星形点。如果第 2 个缠绕循环从第 2 个星形点开始缠绕，那么每个缠绕循环有 1 个星形点的角度（缠绕位置角）偏移，这里称作跳齿分度为 1。如果第 2 个缠绕循环从第 3 个星形点开始缠绕，那么每个缠绕循环有 2 个星形点的角度偏移，这里称作跳齿分度为 2。缠绕线型"5/1"和"5/2"的跳齿分度缠绕效果如图 2.23 和图 2.24 所示。

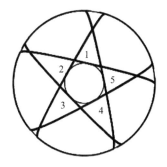
图 2.23 切点数为 5/1

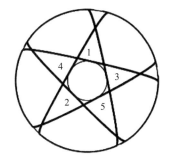
图 2.24 切点数为 5/2

覆盖度参数,即纱带之间的相邻位置关系。100%的覆盖率,即相邻纱带的相邻边刚好重合;覆盖度<100%,相邻纱带之间存在间隔;覆盖度>100%,相邻纱带之间有重叠。例如,对于过滤器容器需要设定纱带之间的间距,使用低覆盖度,从而使液体经过过滤器时可以过滤杂质。纤维缠绕压力容器时需要在芯模达到均匀布满的效果,但由于筒身段芯模周长与在直径方向的纱宽很难达到整除的关系,因此需要允许覆盖度的存在。

2.3.2 缠绕线型优化设计

测地线稳定且计算简单,在传统缠绕工艺中被广泛采用,但在实践中却有以下局限性:

(1)缠绕线型不可设计。当给定缠绕初始位置与角度后,能满足缠绕工艺性的测地线即被唯一确定,因此按力学特性设计的最优铺层角度一般无法用测地线实现,严重限制了结构层材料力学性能的发挥。

(2)工程中常用的一些零件无法缠绕,如不等开口容器、有限长圆管、非轴对称回转体构件等。

(3)无法满足实现均匀布满的条件。在纤维缠绕过程中,纱线要遵循一定的轨迹缠绕才不会产生打滑现象,如果纤维束偏离了测地线轨迹,位于缠绕点与绕丝嘴之间的纤维一直处于拉紧状态,因此纤维束有自动向测地线轨迹方向滑移的趋势,从而偏离预先设计的纤维轨迹。但缠绕实践表明,纤维丝束和芯模表面之间或纤维铺层间都存在摩擦,这种摩擦力可以抵抗某种程度的滑线作用,从而使纤维在偏离测地线一定范围内仍可处于稳定位置。这就为纤维缠绕复合材料结构设计提供了较大的灵活性,使其既能满足力学性能要求,又能满足缠绕工艺的要求,这种建立在摩擦机理基础上的缠绕模式称为非测地线缠绕。

通过引入滑移系数建立非测地线缠绕线型模式,将稳定缠绕的纤维轨迹扩展到具体的范围。滑移系数可以表征纤维在曲面上偏离测地线的程度,其定义为纤维单位长度上横向力和法向量的比值。所以,非测地线缠绕是缠绕轨迹的一种算法。它主要应用纤维和芯模之间的摩擦力条件，实现生成允许偏离测地线的缠绕轨迹。纤维可以偏离测地线轨迹的尺度大小，依赖于纤维与芯模或纤维层之间的摩擦系数。如果非常黏的纤维（如加热后的预浸带）缠绕在高摩擦系数的芯模上（如橡胶），那么可以获得的缠绕轨迹将与测地线轨迹有很大不同。然而，如果非常滑的纤维（如纤维预浸采用低黏度液态树脂）缠绕在非常光滑的芯模上（如抛光的不锈钢芯模表面），那么获得的缠绕轨迹与测地线轨迹非常接近，否则将产生滑纱问题。

表 2.1 给出了不同纤维和芯模材质典型组合的摩擦系数近似值。它可以用作指导，但是任何新芯模材料/纤维/树脂组合都应进行实验测试。

表 2.1　不同纤维和芯模材质典型组合的摩擦系数近似值

芯模类型	摩擦系数近似值		
	干纤维	湿纤维	预浸料
金属	0.18	0.15	0.35
塑料	0.20	0.17	0.32
干纤维	0.22	—	—
湿纤维	—	0.14	—
预浸料	—	—	0.37

下面建立非测地线稳定缠绕的理论依据，对曲线上一微元段作受力分析，如图 2.25 所示，芯模上某一点的纤维所受的沿曲率半径方向的力 F 可以分解成两部分：f_g 为单位长度横向力，f_n 为单位长度法向力，在张力 F 的作用下，微元段曲线在曲面 S 上达到受力平衡状态。

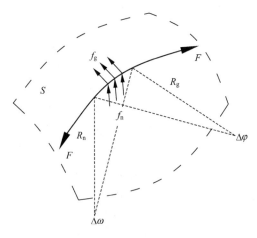

图 2.25　曲面上微元受力分析图

则在切平面内垂直于曲线切线方向上有

$$f_{\mathrm{g}} R_{\mathrm{g}} \Delta \omega = 2F \sin\left(\frac{\Delta \omega}{2}\right) \Rightarrow f_{\mathrm{g}} \approx F \cdot k_{\mathrm{g}} \qquad (2.3)$$

在曲线所在曲面的法线方向上有

$$f_{\mathrm{n}} R_{\mathrm{n}} \Delta \varphi = 2F \sin\left(\frac{\Delta \varphi}{2}\right) \Rightarrow f_{\mathrm{n}} \approx F \cdot k_{\mathrm{n}} \qquad (2.4)$$

式中，R_{g}——测地曲率半径；

　　R_{n}——法曲率半径；

　　$\Delta \omega$——测地曲率中心角；

　　$\Delta \varphi$——法曲率中心角。

引入滑移系数 $\lambda = \dfrac{f_{\mathrm{g}}}{f_{\mathrm{n}}}$，结合式（2.3）和式（2.4）得到

$$\lambda = \frac{f_{\mathrm{g}}}{f_{\mathrm{n}}} = \frac{k_{\mathrm{g}}}{k_{\mathrm{n}}} \qquad (2.5)$$

曲线在曲面不产生滑移，即纤维稳定缠绕条件为

$$f_{\mathrm{g}} \leqslant u_{\mathrm{s}} f_{\mathrm{n}} \qquad (2.6)$$

因此纤维在芯模表面的稳定条件可表示为 $\lambda \leqslant u_{\mathrm{s}}$，其中 u_{s} 为静摩擦系数。下面推导描述稳定纤维缠绕轨迹的各参数之间的关系，建立缠绕几何体空间模型如图 2.26 所示，若子午线方程沿 z 轴旋转 360° 后得到回转面方程：$r(\theta, z) = (r\cos\theta, r\sin\theta, z)$，分别对 θ 和 z 求导，得到两个方向的方向矢量：

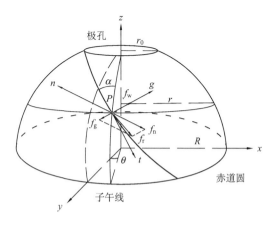

图 2.26　缠绕轨迹示意图

$$\begin{cases} \boldsymbol{r}_\theta = (-r\sin\theta, r\cos\theta, 0) \\ \boldsymbol{r}_z = (r'\cos\theta, r'\sin\theta, 1) \\ \boldsymbol{r}_{\theta\theta} = (-r\cos\theta, -r\sin\theta, 0) \\ \boldsymbol{r}_{zz} = (r''\cos\theta, r''\sin\theta, 0) \\ \boldsymbol{r}_{\theta z} = (-r'\sin\theta, r'\cos\theta, 0) \end{cases} \tag{2.7}$$

则曲面法向量：

$$\boldsymbol{n} = \frac{\boldsymbol{r}_\theta \times \boldsymbol{r}_z}{|\boldsymbol{r}_\theta \times \boldsymbol{r}_z|} = \frac{1}{(1+r'^2)^{1/2}}(\cos\theta, \sin\theta, -r') \tag{2.8}$$

如图 2.27 所示，在曲线 C 上，$\boldsymbol{\alpha}$ 是 C 在点 P 的切向量，$\boldsymbol{\beta}$ 为主法向量，θ' 为 $\boldsymbol{\beta}$ 与 $\boldsymbol{n}$ 的夹角，则曲面在 P 点切线方向上的法曲率为

$$k_{\mathrm{n}} = k\cos\theta' = k\boldsymbol{\beta}\cdot\boldsymbol{n} = \pm\frac{\Pi}{I} \tag{2.9}$$

其中 k 为曲线 C 在点 P 的曲率；I、Π 分别为曲面的第一和第二基本形式：

$$\begin{cases} I = E\mathrm{d}\theta^2 + 2F\mathrm{d}\theta\mathrm{d}z + G\mathrm{d}z^2 \\ \Pi = L\mathrm{d}\theta^2 + 2M\mathrm{d}\theta\mathrm{d}z + N\mathrm{d}z^2 \end{cases} \tag{2.10}$$

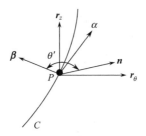

图 2.27　曲线 C 处各向量之间的关系

由微分几何知识，曲面第一、第二基本量如下：

$$\begin{cases} E = |\boldsymbol{r}_\theta|^2 = r^2 \\ F = \boldsymbol{r}_\theta\cdot\boldsymbol{r}_z = 0 \\ G = |\boldsymbol{r}_z|^2 = r'^2 + 1 \\ L = \boldsymbol{r}_{\theta\theta}\cdot\boldsymbol{n} = \dfrac{-r}{\sqrt{1+r'^2}} \\ M = \boldsymbol{r}_{\theta z}\cdot\boldsymbol{n} = 0 \\ N = \boldsymbol{r}_{zz}\cdot\boldsymbol{n} = \dfrac{r''}{\sqrt{1+r'^2}} \end{cases} \tag{2.11}$$

式（2.9）中正负号的选择取决于法截线与曲面法向量的方向，法截线即该处曲线方向矢量与曲面法向量形成的法截面与曲面产生的交线。

$$k_{\mathrm{n}} = \begin{cases} +\dfrac{\varPi}{I}, & \text{法截线向 } \boldsymbol{n} \text{ 的正侧弯曲} \\[3mm] -\dfrac{\varPi}{I}, & \text{法截线向 } \boldsymbol{n} \text{ 的反侧弯曲} \end{cases}$$

曲线 C 在回转曲面的凸面上，因此

$$k_{\mathrm{n}} = \frac{\varPi}{I}$$

将式（2.11）代入上式得

$$k_{\mathrm{n}} = \frac{r''r\tan^2\theta - 1 - r'^2}{(1+r'^2)^{3/2}r(1+\tan^2\theta)} \tag{2.12}$$

向量 $\boldsymbol{r}_z$ 与 $\boldsymbol{r}_\theta$ 构成曲面在 P 点的切平面，而曲线 C 在 P 点的曲率向量 $\boldsymbol{\beta}$ 在该切平面上的投影，称为曲线 C 在 P 点的测地曲率，根据刘维尔公式并将上述曲面第一、第二基本量代入，可求得测地曲率：

$$k_{\mathrm{g}} = \frac{\mathrm{d}\theta}{\mathrm{d}s} - \frac{r'\cos\theta}{r\sqrt{1+r'^2}} \tag{2.13}$$

将 k_{n} 和 k_{g} 代入式（2.5）可得

$$\frac{\mathrm{d}\theta}{\mathrm{d}s} = \frac{r'(1+r'^2)\cos\theta + \lambda[r''r\sin^2\theta - (1+r'^2)\cos^2\theta]}{r(1+r'^2)^{3/2}} \tag{2.14}$$

又由于中心转角方程：

$$\frac{\mathrm{d}\theta}{\mathrm{d}z} = \frac{\tan\alpha\sqrt{1+r'^2}}{r} \tag{2.15}$$

式中，α——纤维缠绕角；

θ——缠绕纤维与子午线的夹角，也即切向量 $\boldsymbol{\alpha}$ 与 $\boldsymbol{r}_z$ 的夹角。

式（2.15）可转换为

$$\frac{\mathrm{d}\alpha}{\mathrm{d}z} = \frac{\lambda[(1+r'^2)\sin^2\alpha - rr''\cos^2\alpha] - (1+r'^2)r'\sin\alpha}{r\cos\alpha(1+r'^2)} \tag{2.16}$$

由于缠绕中心角方程以及缠绕角方程过于复杂，因此无法直接求得方程的解析解。可采用数值法对方程进行求解。在满足稳定缠绕的前提下，可通过改变滑移系数来得到不同的缠绕角用于线型优化设计。

实际缠绕过程中，纱线由极孔一端开始，经过一个完整循环周期回到与起始点错开一个纱宽的距离，然后再经过若干个完整循环将芯模布满。这个过程线型是决定纤维均匀布满的主要因素，理论上只有当缠绕一圈后的中心转角达到一定的值才能满足均匀布满的条件，因此需要依靠非测地理论和连分数实现均匀布满，上述已求得满足稳定缠绕的非测地线方程，下面进行均匀布满优化设计的理论研究。

在一个缠绕周期中，芯模和小车都必须以整转数来计量，两者不能互约或公约。习惯上用一个缠绕周期中小车运动的往复次数作为缠绕周期的度量。例如，芯轴和小车最小整数比为 $3:1$、$7:4$、$23:6$，则分别称其缠绕周期是 1、4 和 6，单循环周期有以下关系：

$$r_{\mathrm{c}} = w + \frac{d}{N} \tag{2.17}$$

式中，r_{c}——小车一个循环中芯模转数；

w——小车一个循环中芯模转过的整数；

d/N——小车一个循环中芯模转过的余数，为不可互约的真分数形式；

d——在赤道处相邻两次缠绕的间距，以纱带宽为单位标准；

$N = \dfrac{\pi D \cos \alpha}{b}$——在赤道处以纱带宽等分赤道圆周长的整数。

在式（2.17）中决定一个缠绕线型形状的参数只有 d/N 一项，而 w 项却并不重要，将 d/N 通过连分数原理可以转换成相应的切点数。初等数论所述的连分数理论认为，任何一个有理数都可以写成如下形式：

$$\frac{p}{q} = a_0 + \cfrac{1}{a_1 + \cfrac{1}{a_2 + \cfrac{1}{a_3 + \cfrac{1}{\cdots a_n}}}} \tag{2.18}$$

称为连分数，连分数元素简记作：a_0，a_1，a_2，$\cdots$，a_n。

缠绕实践中，用 q 代表小车转数，p 为芯模转数，一般 $p>q$ 且互质，于是，a_0 表示连分数的整数部分，故用分号将其单独分割开来，其他从 a_1 到 a_n 称为连分数的元素，都是正整数，并有 $a_n>1$。根据连分数理论，上述表达式（2.18）存在唯一的有理数解，对各元素进行有限次连算就能得到。连分数元素可以使用"辗转相除法"将 p、q 相除后所得结果的余项颠倒后再次相除，如此依序操作获得各次的元素，如下所示：

$$\frac{26}{9} = 2 + \frac{8}{9} \rightarrow \frac{9}{8} = 1 + \frac{1}{8} \rightarrow \frac{8}{1} = 8$$

反之，如果已知连分数因子 a_0，a_1，a_2，$\cdots$，a_n，通过有限次反运算亦可获得 p/q 形式。

对于任意 k 阶（$2 \leqslant k \leqslant n$）的渐近分数，得分子 p、分母 q 的通式为

$$\frac{p_k}{q_k} = \frac{p_{k-1}a_k + p_{k-2}}{q_{k-1}a_k + q_{k-2}} \tag{2.19}$$

其中

$$\begin{cases} a_0 = 0 \\ \dfrac{p_0}{q_0} = [a_0], \quad p_0 = a_0, \quad q_0 = 1 \\ \dfrac{p_1}{q_1} = [a_0, a_1], \quad p_1 = a_0 a_1 + 1, \quad q_1 = a_1 \end{cases}$$

使用连分数辗转相除法可以确定连分数的元素 a_0，a_1，a_2，…，a_n。对于存在 a_1 称 1 级，a_2 称 2 级，以此类推，如果存在 a_n，则称 n 级线型。且 q_{n-1} 的大小为切点数，则对于 9/26 所确定的线型就是 2 切点—2 级。

在纤维缠绕中，缠绕单个循环的中心转角与上述关系如下：

$$\theta = 360\left(w + \frac{d}{N}\right) = 360\frac{p}{q} \tag{2.20}$$

假设已知某缠绕体的中心转角 $\theta=400°$，$\Delta\theta=10°$，$N=69\sim74$，则可计算如下：

$$r_{\mathrm{cmin}} = \frac{400-10}{360} \approx 1.0833 = 2 - 0.9167$$

$$r_{\mathrm{cmax}} = \frac{400+10}{360} \approx 1.1389 = 2 - 0.8611$$

在允许范围内有 $0.8611N < d < 0.9167N$，对于每一个 N，就有一系列 d 值与之对应，然后可组成一系列 d/N 结果，根据 $360(2-d/N)$ 可得到满足均匀布满的一系列理论中心转角，通过优化滑移系数来改变中心转角，使其与上述理论的中心转角相等即可，均匀布满仿真如图 2.28 所示。

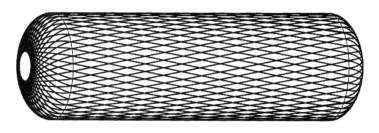

图 2.28　均匀布满仿真图

2.3.3　缠绕成型轨迹设计

根据切点数的选择以及纱线宽度的设定，利用图形仿真的功能，模拟出纤维均匀布满模具的缠绕线型。由于在实际缠绕过程中，纤维缠绕轨迹的实现是靠缠绕机丝嘴带动纱线经过一系列的相对运动来完成的，因此要通过模具上的纤维轨迹求得缠绕机丝嘴的运动轨迹。

纤维缠绕轨迹的坐标系是以模具为主体建立的坐标系，该坐标系称为动坐标系。在实际缠绕中，需研究缠绕机丝嘴的运动轨迹，此时建立丝嘴运动的坐标系，而该坐标系称为静坐标系。回转体中，随着动、静坐标系之间夹角的变化，纤维轨迹点的 Z 坐标并不发生改变，以图 2.29 为例分析动、静坐标系之间的转换关系。如图 2.29 所示，$OXYZ$ 为静坐标系，以地面为参考系，$Oxyz$ 为动坐标系，固定于模具上。在纤维轨迹为 1 的状态时，动、静坐标轴重合。

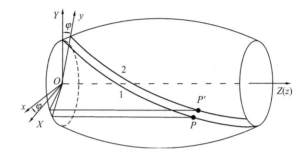

图 2.29　动、静坐标系转换示意图

当模具围绕 Z 轴旋转过 φ 角，纤维轨迹到达状态 2 时，动坐标系旋转 φ 角，此时动坐标系的 x、y 轴与静坐标系的 X、Y 轴相差 φ 个角度，而 Z 轴依然重合。

如图 2.30 所示，在静坐标系 $OXYZ$ 下 P 点半径为 R，其坐标为 $\begin{pmatrix} X = R\cos\theta \\ Y = -R\sin\theta \end{pmatrix}$，当动坐标系 $Oxyz$ 旋转 φ 个角度，P 点到达 P' 点时，P' 点在动坐标系下坐标为 $\begin{pmatrix} x = R\cos\theta' \\ y = -R\sin\theta' \end{pmatrix}$，在静坐标系下坐标为 $\begin{pmatrix} X = R\cos(\theta' - \varphi) \\ Y = -R\sin(\theta' - \varphi) \end{pmatrix}$。

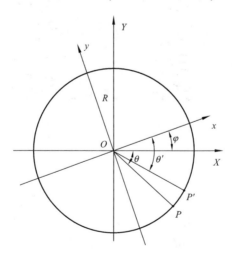

图 2.30　动、静坐标系侧视图

则

$$\left(R\cos(\theta'-\varphi),-R\sin(\theta'-\varphi)\right)=\left(R\cos\theta',-R\sin\theta'\right)\begin{bmatrix}\cos\varphi & -\sin\varphi \\ \sin\varphi & \cos\varphi\end{bmatrix} \tag{2.21}$$

即 $(X,Y)=(x,y)\begin{bmatrix}\cos\varphi & -\sin\varphi \\ \sin\varphi & \cos\varphi\end{bmatrix}$。

考虑到 Z 坐标值相等，则动、静坐标系之间的转换关系为

$$(X,Y,Z)=(x,y,z)\begin{bmatrix}\cos\varphi & -\sin\varphi & 0 \\ \sin\varphi & \cos\varphi & 0 \\ 0 & 0 & 1\end{bmatrix} \tag{2.22}$$

也即

$$(x,y,z)=(X,Y,Z)\begin{bmatrix}\cos\varphi & \sin\varphi & 0 \\ -\sin\varphi & \cos\varphi & 0 \\ 0 & 0 & 1\end{bmatrix} \tag{2.23}$$

若纤维轨迹上存在一点 P，则过 P 点的曲线单位切向量：

$$\boldsymbol{T}=\boldsymbol{r}_\theta\frac{\mathrm{d}\theta}{\mathrm{d}s}+\boldsymbol{r}_z\frac{\mathrm{d}z}{\mathrm{d}s}$$

$$=\frac{1}{\sqrt{r^2\theta'^2+r'^2+1}}(r'\cos\theta-\theta'r\sin\theta,r'\sin\theta+\theta'r\cos\theta,1) \tag{2.24}$$

则过 P 点的切线方程为

$$\frac{x_0-r\cos\theta}{r'\cos\theta-\theta'r\sin\theta}=\frac{y_0-r\sin\theta}{r'\sin\theta+\theta'r\cos\theta}=\frac{z_0-z}{1}=k \tag{2.25}$$

将式（2.23）代入式（2.25）得

$$\begin{cases}\dfrac{X\cos\varphi-Y\sin\varphi-r\cos\theta}{r'\cos\theta-\theta'r\sin\theta}=k \\[2mm] \dfrac{X\sin\varphi+Y\cos\varphi-r\sin\theta}{r'\sin\theta+\theta'r\cos\theta}=k \\[2mm] \dfrac{Z-z}{1}=k\end{cases} \tag{2.26}$$

对式（2.26）分式同乘 $\cos\varphi$ 或 $\sin\varphi$，再利用合比定理可简化为

$$\begin{cases}\dfrac{X-r\cos\phi}{r'\cos\phi+\theta'r\sin\phi}=k \\[2mm] \dfrac{Y+r\sin\phi}{-r'\sin\phi+\theta'r\cos\theta}=k \\[2mm] \dfrac{Z-z}{1}=k\end{cases} \tag{2.27}$$

其中，$\phi = \varphi - \theta$，称为落纱角，表示在静坐标系中，丝嘴在运动平面内与过落纱点的子午面之间的夹角。

为避免缠绕过程中纤维在丝嘴上滑动导致的不规则滑线，可增加丝嘴的旋转坐标轴，其运动方程为

$$\tan A = \frac{1}{r'\sin\phi - r\theta'\cos\phi} \tag{2.28}$$

若定义参数 $\delta = \arctan r'$，显然 $r' = \tan\delta$，且丝嘴在静坐标系下的运动平面方程为 $Y=0$，则上述分析的四轴运动方程分别为

$$\begin{cases} \varphi = \theta + \phi \\ X = r\dfrac{\tan\alpha}{\tan\alpha\cos\varphi - \sin\varphi\sin\delta} \\ Z = z + r\dfrac{\cos\delta}{\tan\alpha\cot\varphi - \sin\delta} \\ \tan A = \dfrac{\cos\delta}{\sin\varphi\sin\delta - \tan\alpha\cos\varphi} \end{cases} \tag{2.29}$$

上述方程中的 θ，α，r，δ 等变量根据纤维在芯模位置上的变化可求得，还剩下四个方程五个变量，因此还需要约束缠绕机的运动形式，其运动形式主要可分为以下四种。

1）等悬纱轨迹

等悬纱约束轨迹表示为缠绕机丝嘴与芯模上落纱点间的距离保持不变。这种约束模式推荐在以下缠绕零件和缠绕线型时使用：弯管、T 形件缠绕、其他非轴对称件缠绕，不推荐用于轴对称件缠绕。

若在缠绕过程中，控制悬纱长度 L_0 一定，则

$$k = \frac{L_0}{\sqrt{r^2\theta'^2 + r'^2 + 1}} \tag{2.30}$$

且丝嘴在静坐标系下的运动平面方程为 $Y=0$，则

$$\begin{cases} X = \sqrt{\left[k(r'\sin\theta + \theta'r\cos\theta) + r\sin\theta\right]^2 + \left[k(r'\cos\theta - \theta'r\sin\theta) + r\cos\theta\right]^2} \\ Z = k + z \\ \phi = \arctan\dfrac{k(r'\sin\theta + \theta'r\cos\theta) + r\sin\theta}{k(r'\cos\theta - \theta'r\sin\theta) + r\cos\theta} \end{cases} \tag{2.31}$$

考虑 φ 角的区间：

$$\varphi = \begin{cases} \varphi, & y_0 \leqslant 0 \\ \pi + \varphi, & y_0 > 0 \end{cases} \qquad (2.32)$$

落纱角为 $\phi = \varphi - \theta$，则丝嘴转角为

$$\tan A = \frac{\cos \delta}{\sin \phi \sin \delta - \tan \alpha \cos \phi} \qquad (2.33)$$

2）开放圆柱包络轨迹

图 2.31 为开放圆柱包络轨迹计算模式示意图，计算时机床运动被约束在一个包络芯模的开放圆柱表面，开放圆柱直径距芯模旋转轴有一定距离 d（即最小安全距离）。开放圆柱包络轨迹计算模式主要适用于二轴缠绕机，无伸臂运动。

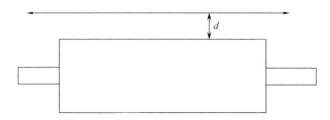

图 2.31 开放圆柱包络轨迹计算模式示意图

可令 $f(X) = d$，求得每一点的落纱角 ϕ，继而得到各轴运动方程：

$$\begin{cases} \varphi = \theta + \phi \\ Z = z + r \dfrac{\cos \delta}{\tan \alpha \cot \varphi - \sin \delta} \end{cases} \qquad (2.34)$$

3）封闭圆柱包络轨迹

封闭圆柱形状相对于芯模的参考示意图如图 2.32 所示，这个封闭圆柱包络计算模式，计算时机床运动被约束在一个包络芯模的封闭圆柱表面和端面，封闭圆柱直径距芯模最大直径有一定距离 d（即最小安全距离）。封闭圆柱包络轨迹计算模式主要适用于四轴缠绕机，对于非轴对称件、弯管、三轴机器可以应用，但不推荐使用此种计算模式。

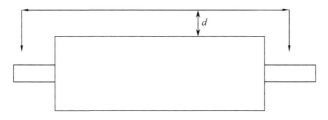

图 2.32 封闭圆柱形状相对于芯模的参考示意图

4）等轮廓包络轨迹

图 2.33 为芯模等轮廓包络轨迹计算模式示意图，计算时机床运动被约束在一个包络芯模轮廓的轮廓表面，此计算模式需计算机床丝嘴水平轴和丝嘴伸臂轴的同步插补运动，这样可以围绕芯模表面轮廓进行光顺的机床运动。等轮廓包络轨迹计算模式主要适用于轴对称以及大多数非轴对称模型，不推荐用于弯管缠绕，不能用于 T 形件缠绕。

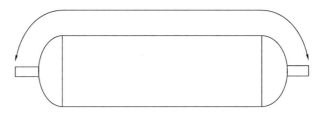

图 2.33　芯模等轮廓包络轨迹计算模式示意图

对于轨迹的等轮廓约束，增加一个方程为 $f(Z)=X$，f 函数为所约束的轨迹曲线，继而求得落纱角 ϕ，从而得到各轴的运动方程：

$$\begin{cases} \varphi = \theta + \phi \\ X = r\dfrac{\tan\alpha}{\tan\alpha\cos\varphi - \sin\varphi\sin\delta} \\ Z = z + r\dfrac{\cos\delta}{\tan\alpha\cot\varphi - \sin\delta} \\ \tan A = \dfrac{\cos\delta}{\sin\varphi\sin\delta - \tan\alpha\cos\varphi} \end{cases} \qquad (2.35)$$

2.4　缠绕成型工艺参数

2.4.1　缠绕设计参数的影响

1. 缠绕角

测地线缠绕角过大或过小对缠绕都是不利的，缠绕角应尽量选取等于或接近于测地线缠绕角。从封头强度的角度分析，若缠绕角过小，就破坏了等张力封头纤维受力的理想状态。从筒身段强度分析，缠绕角减小，则纵向缠绕的层数就要减少。轴向受力能力增强、环向受力能力减弱。若缠绕角过大，环向缠绕层数增加，不能全部利用封头环向强度，封头上纤维堆积、架空的现象严重，纤维强度得不到发挥。在缠绕过程中，一般使螺旋缠绕与环向缠绕交替进行。且对于同一产品，宜采用多缠绕角方式进行缠绕，避免形成不稳定的纤维结构。

2. 切点数

切点数一般选用 3～6 个切点为宜。较多的切点会在极孔开口处产生"鸟巢"效应，它将导致很多纤维重叠和架空，出现不连续应力和不相等应变，而且切点越多，纤维交叉次数越多，纤维强度的损失越大，这时可以选择一个较低的切点数，对密封要求较高的制品也应选择较少的切点。

3. 纤维纱宽

增加纱宽可以减少缠绕循环次数，有效提高缠绕效率，也可以减缓极孔附近的厚度堆积，但纱宽过大会使纤维出现褶皱现象，且纱片宽度很难精确控制，这是因为纱片宽度会随着缠绕机系统以及缠绕张力的变化而变化，导致实际纱宽有所改变，会形成纱片的重叠和间隙，纱片间隙会形成富树脂区，成为结构上的薄弱环节。

4. 扩孔缠绕

在缠绕过程中纤维会在封头极孔处发生堆积，采用扩孔的方法可以使纤维厚度在封头分布均衡，减轻纤维在极孔附近的堆积，不致使封头外形曲线发生较大变化，有利于发挥封头处纤维的强度，扩孔缠绕如图 2.34 所示。

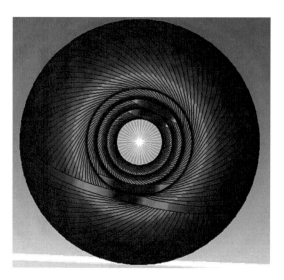

图 2.34　扩孔缠绕示意图

2.4.2　缠绕层厚度预测理论

在初步设计缠绕铺层时，需要利用有限元进行进一步的强度校核；在建模型时，需要预测纤维层的厚度变化。常见的厚度预测理论有双公式法、三次样条预测厚度法。

复合材料缠绕制品的几何模型参数主要包括复合材料铺层的角度和厚度。筒身段的角度和厚度计算较为简单，而封头段铺层的缠绕角可以通过公式联立求得。下面探究封头处复合材料层的厚度变化。

设置参数：筒身段缠绕角 α_0=11.4871；滑移系数 λ=0.0079；切点数 n=13；带宽 B=8.2 mm。

（1）通过封头平行圆、封头赤道圆以及筒身平行圆的纤维总量是相等的。但封头上平行圆的半径在轴向上是不断变化的，因此封头上不同平行圆处的厚度是不同的。如图 2.35 所示，在距极孔边界一个纱宽范围内取一点 A，则在弧线段 BC 里面的纱线都经过点 A。

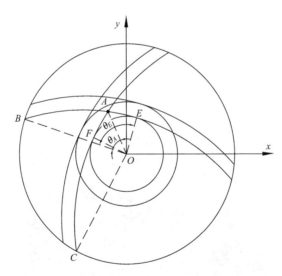

图 2.35　距极孔边界一个纱宽范围内的叠带关系

若赤道上的纤维丝束数为 S，纤维丝束的单层厚度为 h_p，则 A 点处的纤维层厚度：

$$h = \frac{\angle BOC}{2\pi} S h_p \qquad (2.36)$$

由图中的几何关系得

$$\angle BOC = 2(\theta_E - \theta_A) \qquad (2.37)$$

式中，θ_A、θ_E——纱线从赤道圆处 B 点到纱线上 A 点和 E 点的中心转角。

结合上述公式可求得 θ_E、θ_A 的值。

因此得到

$$h = \frac{Sh_p}{\pi}(\theta_E - \theta_A) \tag{2.38}$$

当封头上某点在一个纱宽范围外时，通过 A 点的纱线为弧线段 BD 里的纱线，如图 2.36 所示。从赤道线到半径为 r_C 极孔的曲线为 C_1，从赤道线到半径为 r_C+w 极孔的曲线为 C_2。

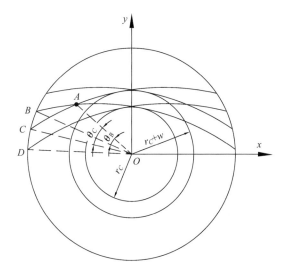

图 2.36　距极孔边界一个纱宽范围外的叠带关系

此时有

$$\angle BOC = \theta_C - \theta_B \tag{2.39}$$

式中，θ_C——在曲线 C_2 上，C 点到 A 点的中心转角；

θ_B——在曲线 C_1 上，B 点到 A 点的中心转角。

则 A 点处纤维厚度：

$$h = \left[\frac{S}{2\pi}(\theta_C - \theta_B) + 1 \right] \cdot h_p \tag{2.40}$$

内胆封头高度为 40.36 mm，赤道上的纤维束数 S 为 65，螺旋向纤维丝束的单层厚度 h_p 为 0.17 mm。结合式（2.38）和式（2.40），可得到单层纤维在封头上不同平行圆处的厚度。

（2）传统的复合材料压力容器封头厚度预测公式在除极孔区域外能够很好地预测封头厚度分布，但是在接近极孔时，缠绕角趋近于 90°，从而导致壳体厚度趋近无限大，显然与实际情况相悖。

三次样条采用分段的封头厚度预测方法，在接近极孔的两个带宽范围内采用三次样条函数

$$t(r_i) = m_1 \times r_i^0 + m_2 \times r_i^1 + m_3 \times r_i^2 + m_4 \times r_i^3 \tag{2.41}$$

系数 m_1、m_2、m_3、m_4 通过四个边界条件求得，其边界条件分别如下：

（1）筒身段与极孔处纱片数相等；

（2）两带宽范围内厚度所满足的几何约束；

（3）由封头段曲面轮廓光滑连续可推导出封头厚度曲线方程连续可导；

（4）两带宽范围内纤维体积不变，求得结果如下：

$$\begin{bmatrix} m_1 \\ m_2 \\ m_3 \\ m_4 \end{bmatrix} = \begin{bmatrix} 1 & r_0 & r_0^2 & r_0^3 \\ 1 & r_{2b} & r_{2b}^2 & r_{2b}^3 \\ 0 & 1 & 2r_{2b} & 3r_{2b}^2 \\ \pi(r_{2b}^2 - r_0^2) & \dfrac{2\pi}{3}(r_{2b}^3 - r_0^3) & \dfrac{\pi}{2}(r_{2b}^4 - r_0^4) & \dfrac{2\pi}{5}(r_{2b}^5 - r_0^5) \end{bmatrix}^{-1}$$

$$\cdot \begin{bmatrix} t_R \pi R \cos\alpha_0 / (m_0 b) \\ \dfrac{m_R n_R}{\pi}\left[\arccos\left(\dfrac{r_0}{r_{2b}}\right) - \arccos\left(\dfrac{r_b}{r_{2b}}\right)\right] t_p \\ \dfrac{m_R n_R}{\pi}\left(\dfrac{r_0}{r_{2b}\sqrt{r_{2b}^2 - r_0^2}} - \dfrac{r_b}{r_{2b}\sqrt{r_{2b}^2 - r_0^2}}\right) t_p \\ V_{\text{const}} \end{bmatrix} \tag{2.42}$$

$$V_{\text{const}} = \int_{r_0}^{r_b} 2\pi r \frac{m_R n_R}{\pi} \arccos\left(\frac{r_0}{r}\right) t_p \mathrm{d}r$$

$$+ \int_{r_b}^{r_{2b}} 2\pi r \frac{m_R n_R}{\pi}\left[\arccos\left(\frac{r_0}{r_{2b}}\right) - \arccos\left(\frac{r_b}{r_{2b}}\right)\right] t_p \mathrm{d}r \tag{2.43}$$

在两个带宽以外的地方采用传统的预测公式：

$$t(r) = \frac{m_R n_R t_p}{\pi}\left[\arccos\left(\frac{r_0}{r_{2b}}\right) - \arccos\left(\frac{r_b}{r_{2b}}\right)\right] \tag{2.44}$$

式中，r_0——极孔半径；

r_b——一个带宽处的平行圆的极孔半径；

r_{2b}——两个带宽处的平行圆的极孔半径；

n_R——筒身段螺旋缠绕单层数；

m_R——筒身段纱片数；

m_0——极孔处纱片数；

t_p——单层纱带厚度。

例如，椭圆封头长半轴 85 mm，短半轴 42 mm，纱宽 5 mm，单层纱带厚度 0.2 mm，则纤维缠绕 10 层厚度在椭圆封头的变化如图 2.37 所示。

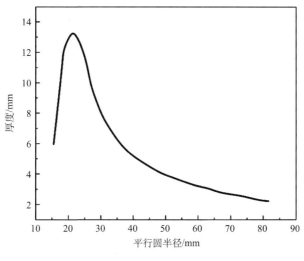

图 2.37　厚度分布图

2.4.3　缠绕张力设计

张力控制是纤维缠绕工艺中的重要参数，对缠绕制品的质量影响较大。大量实践和研究表明，在缠绕过程中，如果纤维张力选择不当或不能得到有效控制，会导致最终制品的强度损失 20%～30%。所以，在复合材料缠绕加工中，必须对缠绕张力加以有效控制，以发挥缠绕工艺的优势，加工出合格的复合材料制品。

缠绕张力制定得合理与否取决于设计计算，而合理的张力值能否得以准确和稳定地实施，则取决于张力控制系统，张力控制系统的性能对于缠绕质量的保证至关重要。张力大小、各束纤维间张力的均匀性以及各缠绕层之间纤维张力的均匀性，对制品的质量影响极大，主要包括以下几个方面：

（1）对复合材料制品机械性能的影响。制品的强度和抗疲劳性能与缠绕张力有密切关系。张力过小，制品强度偏低，内衬充压时变形较大，变形越大，其抗疲劳性能就越差；张力过大，则纤维磨损增大，从而使制品强度下降。若张力波动较大，各层纤维的初始应力状态不同，不能同时承载，也会导致整个制品强度下降。

（2）对复合材料制品密实程度的影响。在缠绕成型过程中，胶液中有挥发性气体的存在，使制品中产生许多微孔。过多的微孔不仅使制品机械性能下降，而且会使制品气密性变坏。缠绕张力是控制和限制孔隙含量的决定性因素之一。

（3）对复合材料含胶量的影响。缠绕张力增大，含胶量降低，张力波动也使缠绕制品内外层胶质含量不均，导致不均匀的应力分布，从而影响制品性能。在多层缠绕过程中，由于缠绕张力径向压力的作用，外缠绕层将对内层施加压力。胶液因此将由内层被挤向外层，因而出现胶液含量沿壁厚方向不均匀的现象。采用分层固化或预浸料缠绕，可减轻或避免这种现象。此外，如果在浸胶前施加张力，张力过大将对胶液向增强纤维内部孔隙的扩散渗透增加困难，从而导致纤维浸渍质量较差。

（4）纤维之间张力的均匀性对缠绕制品性能的影响。若纤维张紧程度不同，当制品承受载荷时纤维不能同时受力，张紧度较大的纤维最先断裂，载荷转嫁到余下的纤维上，即按张力大小各个击破。因此，缠绕过程中应尽量保持束间和束内纤维间张力的均匀性。为了使制品里的各缠绕层不会由于缠绕张力作用导致产生内松外紧的现象，应有规律地使张力逐层递减，使内、外层纤维的初始应力相同，容器充压后内、外层纤维能同时承受荷载。逐层递减的张力制度在使用时较麻烦，因此通常2～3层递减一次，递减幅度等于逐层递减层数的总和。

缠绕工艺中对张力的控制基本上按以下原则：施加的缠绕张力使金属内衬的预应力不超过某一极限；施加的缠绕张力使各层缠绕纤维束的预应力都相等，即各缠绕层纤维在等张力下工作。

张力可在纱轴或纱轴与芯模之间的某一部位施加，前者比较简单，但在纱团上施加全部缠绕张力会带来如下困难：对湿法缠绕来说，纤维的胶液浸渍情况不好。而且在浸胶前施加张力，将使纤维磨损严重而降低其强度。张力越大，纤维强度降低得越多，湿法缠绕宜在纤维浸胶后施加张力，而干法缠绕宜在纱团上施加张力。在纤维通过张力器时，最好将各股纤维分开，以免打捻、发团、曲折和磨损。张力器直径太小，会引起纤维磨损并降低纤维的机械强度，张力器上的辊过多，纤维要多次弯曲，也会降低强度。

2.4.4　缠绕成型含胶量的影响

纤维浸胶含量的高低及其分布对缠绕制品的性能影响很大，直接影响制品的质量及厚度。含胶量过高，缠绕制品的复合强度降低，成型和固化时流胶严重。含胶量过低，制品里的纤维孔隙增加，使制品的气密性、防老化性能及剪切强度下降，同时也影响纤维强度的发挥。因此纤维浸胶过程必须严格控制，必须根据制品的具体要求决定含胶量，缠绕玻璃钢的含胶量一般取25%～30%（质量比）。

纤维含胶量是在纤维浸胶过程中控制的，浸胶过程是将树脂胶液涂覆在增强纤维表面，之后胶液向增强纤维内部扩散和渗透，这两个阶段是同时进行的。浸胶通常采用浸渍法和胶辊接触法。浸渍法通过胶辊或刮刀的压力大小来控制含胶量。胶辊接触法通过调节刮刀与胶辊的距离，以改变胶辊表面胶层的厚度来控制含胶量。在浸胶过程中，纤维含胶量的影响因素有很多，如纤维规格、胶液黏度、缠绕张力、缠绕速度、刮胶机构、操作温度及胶槽面的高度，其中胶液黏度、缠绕张力、缠绕速度、刮胶机构最重要。加热和加入稀释剂可以有效控制胶液黏度，但这些措施都会带来一定的副作用：提高树脂温度会缩短树脂胶液的使用期；树脂里添加溶剂，若成型时树脂里的溶剂没除干净，会在制品中形成气泡，影响制品强度。

树脂系统的黏度随着环境温度的降低而增大。为了保证纤维在制件上进一步浸渍，要求缠绕制品周围环境温度高于 15℃。用红外线灯加热制品表面，使其温度在 40℃左右，这样可有效提高产品质量。

2.4.5　缠绕成型固化制度

缠绕制品的固化设备除传统的固化炉和热压罐等外固化设备外，在红外加热、电磁加热、紫外线固化、电子束固化、激光固化、内加热固化等新型固化技术的研究上也取得了显著的成果及应用，并开展了多种不同加热方式固化成型的技术及理论研究，研究方向主要集中在纤维缠绕复合材料固化工艺过程的数值模拟和实验研究、成型复合材料性能测试以及对比分析等。

缠绕成型固化有常温固化和加热固化两种，这由树脂系统决定。固化制度的制定是保证制品能够充分固化的重要条件，直接影响缠绕制品的物理性能及其他性能。固化制度一般包括以下几个方面：

（1）加热。高分子物质随着聚合（即固化）过程的进行，分子量增大，分子运动困难，位阻效应增大，活化能增高，因此需要加热到较高温度下才能反应。加热固化可使固化反应比较完全，因此加热固化比常温固化的制品强度至少可提高 20%～25%。此外，加热固化可提高化学反应速度，缩短固化时间，缩短生产周期，提高生产率。

（2）升温。升温阶段要平稳，升温速度不应太快。升温速度太快，由于化学反应激烈，溶剂等低分子物质急剧逸出而形成大量气泡。且由于复合材料热导率小，各部位间的温差必然很大，因而各部位的固化速度和程度也必然不一致，收缩不均衡，由于内应力作用会使制品变形或开裂，形状复杂的厚壁制品更加严重。通常采用的升温速度为 0.5～1℃/min。

（3）保温。保温一段时间可使树脂充分固化，产品内部收缩均衡。保温时间的长短不仅与树脂系统的性质有关，还与制品质量、形状、尺寸及构造有关，一般制品热容量越大，保温时间越长。

（4）降温冷却。降温冷却要缓慢均匀，由于复合材料结构中，顺纤维方向与垂直纤维方向的线膨胀系数相差近 4 倍，因此，制品从较高温度若不缓慢冷却，各部位的收缩方向就不一致，特别是垂直纤维方向的树脂基体将承受拉应力，而垂直纤维方向的拉伸强度比纯树脂还低，当承受的拉应力大于复合材料强度时，就发生开裂破坏。

树脂系统固化后，并不能全部转化为不溶不熔的固化产物，即不可能使制品达到 100%的固化程度，通常固化程度超过 85%就认为制品已经固化完全，可以满足力学性能的使用要求。但制品的耐老化性能、耐热性等尚未达到应有的指标。在此基础上，提高制品的固化程度，可以使制品的耐化学腐蚀性、热变形温度、电性能和表面硬度提高，但是冲击强度、弯曲强度和拉伸强度稍有下降。因此，对不同性能要求的复合材料制品，即使采用相同的树脂系统，固化制度也不完全一样。例如，要求高温使用的制品，就应有较高的固化度；要求高强度的制品，有适宜的固化度即可，固化程度太高，反而会使制品强度下降。考虑兼顾制品的其他性能（如耐腐蚀、耐老化等），固化度也不应太低。不同树脂系统的固化制度不一样。如环氧树脂系统的固化温度，随环氧树脂及固化剂的品种和类型不同而有很大差异。对各种树脂配方没有一个广泛适用的固化制度，只能根据不同树脂配方、制品的性能要求，并考虑到制品的形状、尺寸及构造情况，通过实验确定出合理的固化制度，才能得到高质量的制品。

对于较厚的缠绕制品，可采用分层固化工艺。其工艺过程如下：先在内衬缠绕形成一定厚度的缠绕层，然后使其固化，冷却至室温后，再对表面打磨喷胶，进行第二次缠绕。以此类推，直至缠到设计所要求的强度及缠绕层数为止。

分层固化有以下几方面的优点：

（1）可以削去环向应力沿筒壁分布的高峰。从力学角度看，对于筒形容器，就好像把一个厚壁容器变成几个紧套在一起的薄壁容器组合体。由于缠绕张力使外筒壁出现环向拉应力，面内筒壁产生压应力，于是，在容器内壁上因内压荷载所产生的拉应力，就可被套筒压缩产生的压应力抵消一部分。

（2）提高纤维初始张力，避免容器体积变形率增大，纤维疲劳强度下降。根据缠绕张力制度，张力应逐层递减。如果容器壁较厚，则缠绕层数必然很多。这样，缠绕张力偏低，导致容器体积变形率增大，疲劳强度下降，采用分层固化，就可避免此缺点。

（3）可以保证容器内、外质量的均匀性。从工艺角度看，随着容器壁厚增加，制品内、外质量不均匀性增大，特别是湿法缠绕。由于缠绕张力的作用，胶液将由里向外迁移，因而使树脂含量沿壁厚方向分布不均匀，并且内层树脂系统中的溶剂向外挥发困难，易形成大量气泡。采用分层固化，容器中纤维的位置能及时得到固定，不致使纤维发生皱褶和松散。树脂也不会在层间流失，从而减缓了树脂含量沿壁厚方向不均的现象，并有利于溶剂的挥发，保证了容器内、外质量的均匀性。

2.4.6 典型缠绕制品设计及分析

对典型的Ⅲ型压力容器进行初步设计，一般Ⅲ型压力容器由金属内衬和碳纤维缠绕复合层组成。内衬由圆柱段、封头段和与气瓶接头组成，假设压力容器总长 $L=505$ mm，内衬壁厚 $t_1=2$ mm，筒身外径 $D=166$ mm，筒身长 $L_1=400$ mm，封头形面为标准椭球形封头，长半径 $R=83$ mm，短半径 $b=41.5$ mm，容积 $V=9.3$ L，极孔直径 $d=40$ mm。其气瓶内衬几何结构如图 2.38 所示。

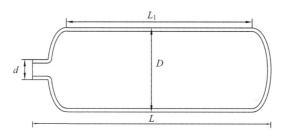

图 2.38　压力容器气瓶内衬几何结构

对于圆筒形复合材料压力容器，纤维缠绕的基本线型有螺旋缠绕、纵向缠绕、环向缠绕 3 种，还有一些单种缠绕方式相互组合的线型方式。根据内衬的形状及结构特点，在圆筒形筒体上采用单螺旋缠绕线型即可满足各主应力方向（即纵向与环向）的强度要求，封头结构只有采用螺旋缠绕才能保证各个方向的强度，因此对复合材料压力容器的筒身和封头同时缠绕时可采用螺旋缠绕线型。

复合材料压力容器一般采用网格理论进行设计分析。在网格理论中，由纤维缠绕而成的金属内衬复合材料压力容器其纤维分布匀称，同时承受内压力，树脂基体刚度忽略不计，内部载荷全部由纤维承担。网格理论中假设树脂的刚性为零，同时纤维层完全承担内部压力载荷。纤维缠绕圆筒形压力容器受力示意如图 2.39 所示。

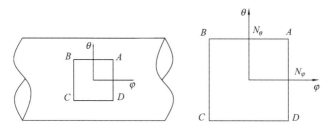

图 2.39　纤维缠绕圆筒形压力容器受力示意

根据复合材料气瓶网格理论的基本假设，复合材料气瓶外层纤维承担全部内压；在内压作用下，纤维缠绕成型后的网格只发生大小的改变，而网格结构角度不变。采用截面法和静力平衡条件，可以求得筒身内表面的轴向单位内力 N_φ 和周向单位内力 N_θ 为

$$\begin{cases} N_\varphi = \dfrac{1}{2}RP \\ N_\theta = RP \end{cases} \tag{2.45}$$

式中，R——筒体半径，mm；

P——压力容器承受的内压，MPa。

设纤维应力为 σ_f，纤维厚度为 t_f，则 φ 方向和 θ 方向的纤维张力 T_φ、T_θ 分别为

$$\begin{cases} T_\varphi = \sigma_f t_f \cos^2 \alpha \\ T_\theta = \sigma_f t_f \sin^2 \alpha \end{cases} \tag{2.46}$$

根据网格理论的基本假设，使纤维的张力与薄膜内力相等，即 $T_\varphi = N_\varphi$，$T_\theta = N_\theta$，于是：

$$\begin{cases} N_\varphi = \sigma_f t_f \cos^2 \alpha \\ N_\theta = \sigma_f t_f \sin^2 \alpha \end{cases} \tag{2.47}$$

两式相除，并引入内力比，$\eta = N_\theta/N_\varphi$，得

$$\eta = \frac{N_\theta}{N_\varphi} = \tan^2 \alpha \tag{2.48}$$

式（2.48）是单螺旋缠绕的缠绕角 α 在给定 N_θ、N_φ 时所必须满足的条件。

根据式（2.47）其中任何一个公式均可解出纤维缠绕层的应力：

$$\sigma_f = \frac{N_\varphi}{t_f \cos^2 \alpha} = \frac{N_\theta}{t_f \sin^2 \alpha} \tag{2.49}$$

再由物理关系可求得纤维缠绕层的应变：

$$\varepsilon_f = \frac{N_\varphi}{E_f t_f \cos^2 \alpha} = \frac{N_\theta}{E_f t_f \sin^2 \alpha} \tag{2.50}$$

单螺旋缠绕的应变状态在任意方向上正应变均相等，而剪应变 $\gamma_{\varphi\theta}=0$，在这种应变状态下纤维不受剪应变作用。

若已知纤维的许用应力 $[\sigma_f]$ 和许用应变 $[\varepsilon_f]$，则筒身纤维厚度 t_f 可由式（2.51）确定：

$$t_f = \frac{N_\varphi}{[\sigma_f] \cos^2 \alpha} = \frac{N_\varphi}{E_f [\varepsilon_f] \cos^2 \alpha} \tag{2.51}$$

式（2.49）～式（2.51）中的 α 为必须用式（2.48）确定的均衡缠绕角。

对于受均匀内压的筒体，$\eta=2$，$\tan\alpha=\sqrt{2}$，则纤维的应力、应变和筒身纤维厚度可分别由下列各式计算：

$$\sigma_f = \frac{3RP}{2t_f}, \qquad \varepsilon_f = \frac{3RP}{2E_f t_f} \tag{2.52}$$

$$t_f = \frac{3RP}{2[\sigma_f]}, \qquad t_f = \frac{3RP}{2E_f[\varepsilon_f]} \tag{2.53}$$

设计条件：

技术指标（美国 DOT-CFFC 标准）；

工作压强 $P=30$ MPa；

最小爆破压强 $P_b=102$ MPa（3.4 倍工作压强）。

1）原材料

（1）铝内衬：内衬选用铝合金 6061 制造，回火条件为 T6，其拉伸强度 $\sigma_B=318$ MPa，剪切强度 $\tau_B=256$ MPa，密度 $\rho=2700$ kg/m^3，泊松比 $\nu=0.28$。

（2）纤维层：选用碳纤维 T700，密度 $\rho_f=1.8$ g/cm^3，碳纤维的平均线密度 $\rho_m=800$ g/km，拉伸强度 $\sigma_B=4900$ MPa，纤维的许用应力 $[\sigma_f]=\sigma_B/3\approx1633$ MPa。

2）容器结构强度设计

（1）缠绕角的确定。按测地线方程 $\sin\alpha_0=r_0/R$，确定的封头赤道圆处的平均缠绕角 $\alpha_0=14°$，即筒身缠绕角 $\alpha_R=14°$。

根据测地线方程，推导出封头段螺旋缠绕角的计算公式为

$$\alpha = \arcsin(r_0/r) \tag{2.54}$$

式中，r_0——极孔半径；

r——封头平行圆处的半径。

由式（2.54）容易得出，在纤维缠绕起点纤维与极孔边圆周相切，缠绕角为 90°，随着缠绕点处平行圆的半径增大，缠绕角度逐渐减小，在赤道圆处缠绕角达到最小，即与筒身段缠绕角相等。

（2）计算筒身螺旋缠绕层纤维厚度

$$t_f = \frac{RP_b}{2K_\alpha \sigma_B \cos^2\alpha_R} = 1.46 \tag{2.55}$$

式中，螺旋缠绕纤维的强度发挥系数 K_α 取 0.63。

假设筒身段螺旋缠绕均匀布满的总横截面积为 S，则有

$$S = 2\pi r t \cos\alpha = 2\pi r_0 t_0 \cos\alpha_0 = 2\pi R t_f \cos t_f \tag{2.56}$$

式中，t_f——筒身段单层纤维的厚度；

t_0——封头极孔处单层纤维的厚度；

t——封头段各平行圆处的单层纤维厚度。

于是各平行圆处的螺旋纤维单层厚度为

$$t = \frac{R\cos\alpha_f}{r\cos\alpha}t_f \qquad (2.57)$$

式中，r——封头平行圆处的回转半径。

（3）计算所需的缠绕层数 $n_f = t_f / mA = 13.27$，取整为 14 层，且

$$m = MN/b = 5，\qquad \beta = 1000n/\rho_m = 25，\qquad A = 1/(\beta\rho_f) = 0.022$$

式中，M——纤维纱团数；

　　　N——纤维每团股数；

　　　b——纤维宽度；

　　　ρ_f——纤维密度；

　　　ρ_m——碳纤维的平均线密度。

2.4.7　缠绕成型工艺的发展趋势

　　针对复合材料纤维缠绕成型技术，未来五到十年，缠绕工艺、技术、装备领域的缠绕基础理论将不断完善和创新，与其他学科理论相结合，形成一套成熟的缠绕工艺设计、分析及优化理论及方法，实现缠绕线型、轨迹自动设计、规划、优化及后处理。缠绕线型设计方面，从传统单一自由度的测地线/半测地线/平面缠绕线型向纤维铺设路径灵活可调的多自由度缠绕线型模式发展；缠绕轨迹规划方面，从单纯满足缠绕工艺性设计向兼顾成型构件结构力学性能与可制造实现性的缠绕轨迹优化设计方向发展；缠绕工艺方面，向预浸料干法缠绕、无极孔缠绕、无封头缠绕、小角度缠绕、凹曲面缠绕、非回转体缠绕、无树脂干纤维缠绕、缠绕/编织混合、缠绕/铺放混合等方向发展；张力控制系统方面，研发高速、高精度及适用于碳纤维大张力绑扎缠绕的张力系统及纱线传送系统；缠绕软件方面，纤维缠绕 CAD/CAM 功能更加完善，缠绕工艺优化、缠绕成型工艺过程仿真、缠绕制品成型过程中及成型后性能分析将逐步实现并完善；缠绕设备方面，形成连续缠绕生产线、机器人缠绕工作站、缠绕/铺带/铺丝一体化柔性制造平台、多丝嘴高速缠绕，将各种成熟的传感、检测及信息化技术应用到缠绕成型系统，实现全自动化生产线，设备的生产效率、柔性和信息化程度将大幅度提高。

　　除传统的管道、容器、绝缘子、传动轴等缠绕制品外，新型缠绕制品不断出现并获得推广应用：复合工艺生产的纤维缠绕铺丝一体化制品，如飞机进气道；缠绕编织一体化制品，如波音 787 发动机风扇叶片、编织缠绕复合材料管道、汽车消声器、轴承、液压缸、竹纤维增强管道、高压气瓶、双层罐、纤维增强热塑性复合材料柔性管道等制品。缠绕制品的应用领域逐渐从国防向民用、从地面向地下、从陆地向海洋发展；结构形式上，从简单到复杂、从低压向高压、从单一向结构功能一体化方向发展。

2.5　缠绕成型技术的应用

2.5.1　在能源化工及交通领域的应用

缠绕制品在民用领域的主要应用包括：复合材料压力管道、储罐、压力容器、呼吸气瓶（图 2.40）及天然气气瓶、风机叶片、塔杆、电线杆、绝缘子、体育休闲用品、工业用传动轴、各种辊筒（图 2.41）等。

图 2.40　压力容器、呼吸气瓶　　　　　　图 2.41　辊筒

汽车作为现代产业在科技的带动下快速发展，随着汽车复合材料应用水平的不断提高，复合材料单车用量将逐渐增加，2015 年我国汽车工业所需塑料、复合材料总量约为 165 万 t。随着成型技术和装备的不断发展，复合材料汽车零部件在汽车领域的应用将日益扩大。为了提高汽车轻质、高强的性能，复合材料逐渐取代传统汽车制造应用材料，缠绕技术在汽车制造上的主要应用为传动轴、排气管、涡轮增压管、车载气瓶、吸能器、保险杠等。

海洋船舶领域对复合材料需求最多的是复合材料管道，缠绕成型的复合材料管道因具有耐腐蚀、耐油、耐高温等特性被广泛应用于海上油气运输、海洋平台及船舶等领域。除此之外，还有疏浚管道、海底输油软管、潜艇耐压壳体、深海探测器、潜水呼吸气瓶、船桅杆等应用（图 2.42）。

油气工程领域的应用可分为陆地及海上的应用，主要为油气运输管道和疏浚管道（图 2.43 和图 2.44）。复合材料管道由于具有超强的耐腐蚀性，正在逐步取代传统钢制管道，并在实际工程中得到广泛的应用。

2.5.2　在航空航天及军工领域的应用

飞机复合材料构件的自动化成型工艺主要包括纤维缠绕、纤维带铺放和纤维丝铺放三种类型。由于缠绕制品的高强度、耐高温、耐腐蚀等性能，目前缠绕制品在航空领域可用于雷达罩、发动机机匣、燃料储箱、飞机副油箱和过滤器等零

图 2.42　海上管道及管缆

图 2.43　陆地油气管道　　　　　　　　图 2.44　海洋油气管道

部件的成型，还可应用于小型飞机与直升机机身、机翼、桨叶、起落架等结构的成型。现代大型喷气客机上众多的高压气瓶都是采用复合材料缠绕成型工艺制造的。

　　在航天领域，缠绕成型技术主要应用于神舟飞船承力构件、卫星结构、返回舱、空间系统、复合材料压力容器、固体火箭发动机壳体等方面的制造。在国防军工领域，缠绕成型技术主要应用于大型导弹复合材料发射筒、鱼雷发射管、姿控系统、枪架、火箭发射筒、轨道炮身管等。

思 考 题

1. 查阅相关资料，试分析纤维缠绕所用材料性能的基本测试方法。
2. 试分析典型压力容器内衬的材料种类及其特点。
3. 与测地线相比，探讨非测地线缠绕轨迹的优越性。
4. 试分析均匀布满与非测地稳定缠绕如何相结合使用。
5. 结合相关资料，试分析缠绕机各约束轨迹的适用范围及其优缺点。
6. 试总结对缠绕成型制品质量的影响因素。

第3章   复合材料拉挤成型技术

3.1   概   述

拉挤成型技术是一种以连续纤维及其织物或毡类材料增强型材的工艺方法，可用于生产断面形状固定不变、长度不受限制的型材或其他材料制品。拉挤成型工艺是将纤维增强材料（如连续纤维及其织物、纤维毡等）浸渍树脂后，通过具有一定形状截面的模具固化，并在牵引力的作用下将成型后构件拉出模具。这种工艺最适于生产各种断面形状的复合材料型材，如棒、管、实体型材（工字形、槽形、方形型材）和空心型材（门窗型材、叶片等）等。复合材料拉挤成型工艺是一种连续的自动化生产工艺，是纤维增强热固性复合材料的成型方法之一。

拉挤成型工艺的形式有很多，按照不同的标准分为不同的类型。根据拉挤机的类型可以分为立式和卧式；根据模塑固化方法不同分为间歇式和连续式；根据牵引装置的类型可以分为履带式和夹持式；根据纤维的类型可以分为湿法和干法。下面介绍几种常见的拉挤成型工艺：

（1）间歇式拉挤成型工艺是指牵引机构间断工作，浸胶的纤维在热模中固化定型，然后牵引出模，下一段浸胶纤维再进入热模中固化，定型后再牵引出模，如此间歇牵引，而制品是连续不断的，制品按照要求定长切割。此工艺制品的固化时间不受限制，所用树脂的范围比较广，但生产效率低，制品表面易出现间断分界线。

（2）连续式拉挤成型工艺是指在拉挤成型过程中牵引机构连续工作，它的主要特点是牵引和模塑过程是连续进行的，生产效率高。在生产过程中控制凝胶时间和固化程度，模具温度和牵引速度的调节是保证制品质量的关键。此工艺生产的制品不需要二次加工，表面性能良好，可生产大型构件，包括空心型材等制品。

（3）立式拉挤成型工艺采用熔融或液体金属槽代替钢制的热成型模具，这就克服了卧式拉挤成型中钢制模具价格较贵的缺点。除此之外，其余工艺过程与卧式拉挤成型完全相同。

复合材料拉挤成型工艺是制造高纤维体积含量、高性能、低成本复合材料的一种重要方法，具有以下特点：

（1）工艺简单、高效，适合于高性能纤维复合材料的大规模生产。拉挤的线速度可以达到 4 m/min 以上，加上一个模具可同时拉挤多件产品，进一步提高了生产效率。

（2）拉挤能最好地发挥纤维的增强作用。在大多数复合材料成型工艺中纤维是不连续的，这使纤维强度损失极大。即使连续纤维缠绕，由于纤维的弯曲、交叠等也使其强度有一定损失。例如，螺旋缠绕中，纤维的强度发挥一般只有75%～85%。在拉挤工艺中，纤维不仅连续而且充分伸直，是发挥纤维强度的理想形式。

（3）质量波动小。拉挤工艺的自动化程度高、工序少、时间短、操作技术和环境对制品质量影响都很小，因此用同样的原材料，拉挤工艺制品质量稳定性较其他工艺制品要高。拉挤制品的性能波动可控制在±5%之内。

（4）拉挤制品形状和尺寸的变化范围大，尤其在长度上几乎没有限制，理论上可以生产任意长度的制品。

（5）拉挤复合材料的增强材料和树脂基体选材广泛。

（6）拉挤工艺中原材料的利用率高，废品率低。拉挤成型的原材料利用率在95%以上，而手糊工艺却只有约75%。

（7）拉挤工艺也有一些局限性，主要是制备非直线形、变截面制品困难，不能利用不连续的增强材料等。

复合材料拉挤成型工艺的研究源于美国。20世纪50年代，第一项拉挤专利问世。但初期制品仅限于钓鱼竿等体育用品和棒材等。美国虽很早开始使用拉挤成型产品，但在最初几年内的发展并不快，原因是这种方法在开始时只能生产截面形状简单的棒材，又加上成本比金属和木材还高，故未能迅速得到广泛的应用。随着科学技术的发展，作为玻纤增强复合材料的主要原材料——玻璃纤维，品种逐渐增加，产量逐渐提高，质量逐渐改善，成本降低。另外，作为玻纤增强复合材料另一原材料——树脂的改进，出现了低收缩、快速成型的树脂，给连续生产玻纤增强复合材料产品创造了极有利条件。到70年代，拉挤成型技术取得重大发展，由此开始进入材料结构领域。由于其生产效率高、易于实现机械化和自动化、产品质量稳定、操作方便、劳动条件好等优点，拉挤成型工艺逐渐发展成为复合材料工业领域的一项重要技术。

3.2　拉挤成型及设备

拉挤成型工艺过程包括送纱、浸胶、成型、牵引、切割等。该工艺区别于其他复合材料成型工艺的地方是外力拉拔和挤压模塑，故称为拉挤成型工艺。实现拉挤成型工艺的主要设备是拉挤机，如图3.1所示。拉挤机基本可分为卧式和立式两类。卧式拉挤机结构比较简单、操作方便，对生产车间没有特殊要求。而且各种固化成型方式（如热模法、高频加热固化、熔融金属加热固化及薄膜包裹固化等）都可以在卧式拉挤机上实现。所以它在拉挤工业中应用较多。立式拉挤机的各工序沿垂直方向布置。其主要用于制造空心型材,这是由于在生产空心型材时芯模只能一端支撑,另一端为自由无支撑端,因此立式拉挤机不会因为芯模悬臂下垂而造成制品壁厚不均匀。尽管拉挤机种类复杂多样,它们都是由送纱装置、浸胶装置、成型与固化装置、牵引装置和切割装置这五部分组成,分别对应于拉挤成型工艺的每一个工艺过程,拉挤成型工艺流程如图 3.2 所示。

图 3.1　拉挤机

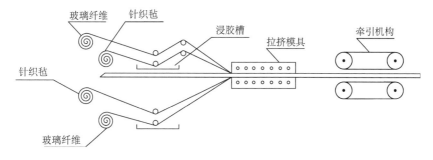

图 3.2　拉挤成型工艺流程图

3.2.1　送纱

根据制品要求排列好纱团,利用送纱装置将增强材料按设计要求从纱架上引出,使其有序地进入下一工序。每个纱团的位置及每一层纱接线之间的距离要控制好,由纱架至导纱孔排列有序间隔,使送纱装置能将纱团上的纱线平稳拉出,防止打岔或纱与导纱孔角度过小而产生毛刺。纤维从纱架上引出的方式有两种,一种是从纱筒内壁引出,另一种是从纱筒外壁引出。前者的纱筒是静止地放在纱架上,当纤维从内壁引出时,必然发生扭转现象;而后者的纱筒是放置在旋转芯轴上,这样可以避免纤维扭转,从而使纤维稳定、有序地拉出。纤维从纱架拉出后，通过孔板导纱器或者塑料管导纱器集束进入下一道生产工序。为了提高制品的横向强度，可以增加连续纤维毡或三向织物。

纱架的结构一般要求紧凑，从而减小生产空间，一般纱架的大小取决于纱团的数量，而纱团的数量又取决于制品的尺寸。纱架结构可根据要求设计成整体式或组合式，纱架有框式和梳式，可安装脚轮，便于移动。

3.2.2 浸胶

浸胶装置是使树脂基体浸润增强材料，以使制品的机械强度满足设计要求的装置，浸胶也是拉挤成型的重要一环。浸胶系统主要由浸胶槽、导向辊、压辊、分纱栅栏、挤胶辊和加热装置组成。由纱架引出的纤维纱线在浸胶槽中浸润树脂，并通过挤胶辊控制树脂含量。浸胶槽的长短根据浸胶时间确定，浸胶槽过短会导致树脂无法充分浸润增强材料，过长会导致胶槽里的溶剂与纤维浸润剂发生作用，过深则填料容易沉积，影响树脂流动性，过浅则增强材料容易浸渍不充分，因此要把控好浸渍槽的长度与深度。此外，胶槽中的溶液要不断更新，以防止胶液中溶质挥发导致胶液浓度发生变化。分纱栅栏的作用是将浸渍树脂后的纱线彼此分开，使纱线按照设计要求排列。挤胶辊的作用是使树脂进一步浸润纤维，排出纤维纱中的空气，并将多余树脂挤出来控制含胶量。加热装置用来提升树脂固化性能和流动性，使其能充分浸润纤维材料。浸渍工艺主要有三种方法。

1）长槽浸渍法

其浸渍槽一般是钢制长槽。入口处有纤维滚筒，纤维从滚筒下面进入浸渍槽而被浸在树脂中。槽内有一系列分离棒将纤维纱和织物分开，以便使纤维纱和织物都能被树脂充分浸渍，然后被浸渍后的增强材料从浸渍槽出来进入下一个工序。

2）直槽浸渍法

在浸渍槽的前后各设有梳理架，上设有窄缝和孔，分别用于通过和梳理纤维毡及轴向纤维，纤维纱和纤维毡首先通过槽后梳理板，进入浸渍槽，浸渍树脂后通过槽前梳理板，再进入预成型导槽。

3）滚筒浸渍法

在浸渍槽前有一块导纱板，浸渍槽中有两个钢制滚筒，滚筒直径以下部分都浸泡在树脂中，滚筒通过旋转将树脂带到滚筒的上部，纤维纱紧贴在滚筒上部进行树脂浸渍。这种方法适合于纤度较小纤维纱的树脂浸渍。

3.2.3 成型

拉挤成型工艺的成型过程分为两个部分，即预成型和固化成型。相应地，其模具也分为预成型模和成型模两段。预成型过程是根据制品形状把经过胶槽浸有树脂的增强体在模具中初步定型，并将增强体中多余的树脂挤出，流回胶槽。通过预成型模后，浸渍树脂的纤维被压实，并排出大量气泡，从而获得高体积含量的拉挤复合材料制品。预成型模具没有固定的模式，拉挤成型棒材时一般采用管状预成型模，生产空心型材常使用芯轴预成型模，制造异形材料时大多使用与型材截面形状接近的预成型模。

材料从预成型模中拉出后就进入固化模具，经过固化成型后从模具中拉出。固化成型模具按结构形式可分为组合式和整体式。整体式成型模具的成型模孔由整体钢材加工而成，一般适合棒材和管材。组合式成型模具的槽孔是上下模对合而成，这种类型的模具易于加工，可生产各种类型的型材，但制品表面有分型线痕迹。为了减少拉挤成型中的摩擦阻力并提高模具使用寿命，要求模具型腔表面光洁、耐磨，所以成型模具一般采用钢模，内表面镀铬。固化过程中加热方式有蒸汽加热、导热油加热、电加热等，其中电加热易于控制模具长度方向的温度。也有的拉挤模采用高频电磁波或微波加热固化，这种情况下要求模具本身不会被高频电磁波或微波加热。

在这一过程中，模具设计除了要考虑截面的几何尺寸，还要考虑树脂固化放热性能和拉挤物料与模具壁的摩擦性能。通常，模具是在树脂系统确定的条件下进行设计的，根据树脂固化放热曲线及物料与模具的摩擦性能，将模具分为三个不同的加热区：预热区、凝胶区和固化区。如图 3.3 所示，树脂纤维混合材料首先进入预热区，从而降低树脂黏度，提高树脂流动性，使其进一步浸润增强材料；然后材料进入凝胶区，此时树脂开始发生反应，树脂从液体变成凝胶态；最后进入固化区进行充分固化。树脂在较高温度下由液态变为凝胶状态的位置被称为"凝胶点"；在凝胶区中，树脂固化过程中放热速率最快的位置称为"放热峰"；当树脂固化完成由凝胶态变为固体时，树脂和纤维固化后收缩，与模具壁脱离，该点称为"脱离点"。衡量拉挤工艺是否成功的一个标准就是观察凝胶点、放热峰、脱离点是否靠近且集中在凝胶区，否则会导致产品力学性能差或者粘模现象。

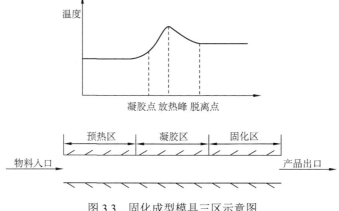

图 3.3　固化成型模具三区示意图

　　模具三个加热区的温度控制和分布是拉挤工艺关键的工艺参数之一。它们不仅影响着制品的表面质量，还影响着制品的力学性能。若预热区温度过高，可能会发生局部粘模，导致制品表面粗糙；但若预热区温度太低，材料预热不充分，会造成脱模困难，牵引力增大，甚至堵模，导致工艺失败。若凝胶区的温度过高，加之树脂固化反应时放出的大量热量，可能会导致树脂基体因局部温度过高而裂解，使制品的性能降低；若温度过低，则会导致凝胶区的固化反应不够充分，导致粘模。固化区的温度控制应以树脂在该区充分固化为原则。温度太低，不能使树脂完全固化；温度过高，则会造成资源浪费及制品内应力的增大，影响制品的尺寸稳定性及其机械性能。

3.2.4　牵引

　　牵引力是指拉挤工艺中对型材施加的连续、稳定的拉力，使其平稳地通过各个工艺流程，这个拉力由牵引机提供。为了满足拉挤过程的工艺需求，牵引机必须具备夹持和牵引两大功能，对于不同的原料和制品，牵引机的夹持力、牵引力、牵引速度都可调。因为截面形状不同、原材料不同，都会导致制品所需的牵引力不同，又因为牵引力是靠夹持力产生的摩擦力传递给制品的，所以牵引力不同，其夹持力也不同。夹头可以更换，并且在夹持时夹头有衬垫。

　　合适的牵引力是保证制品顺利出模的关键。牵引力的大小取决于产品与模具间的界面剪应力。剪应力随牵引速度的增加而降低，并在模具的入口处、中部和出口处出现峰值。入口处的峰值是由该处树脂的黏滞阻力产生的，其大小取决于树脂黏性流体的性质、入口处温度及填料含量。在模具内树脂黏度随温度升高而降低，剪应力下降。随着固化反应的进行，黏度及剪应力增加。第二个峰值与脱离点相对应，并随牵引速度的增加而大幅度降低。第三个峰值在出口处，是制品固化后与模具内壁摩擦而产生的，其值较小。牵引力在工艺控制中很重要。若制品表面光洁，则要求脱离点处的剪应力（第二个峰值）小，并且尽早脱离模具。牵引力的变化反映了制品在模具中的反应状态，并与纤维含量、制品形状和尺寸、脱模剂、温度、牵引速度有关。

　　牵引方式有连续式牵引和往复式牵引两大类。其中连续式牵引机使用较为广泛，具体又可以分为带式和夹板式。带式牵引机有一组上下平行的传动带，传动带内侧设有驱动轮，外侧一般黏接有聚氨酯衬垫。带式牵引机的特点是运动平稳、变化量小、结构简单。带式牵引机一般适合夹持形状简单、牵引力较小的型材，如较细的管材、棒材等。为了保持上、下传动带间的夹持力，两个驱动轮之间还有一系列导带轮，形成多个夹持点。夹板式连续牵引机使用两组或多组上、下滚子链，沿拉挤方向排列，滚子链绕着链轮齿运转，每个夹板上都黏接有聚氨酯衬垫，依靠气动或者液压方式产生夹持力，夹板式牵引机能够提供更大的牵引力。

连续式牵引机的缺点是牵引过程中拉挤型材间为点接触,牵引力不够均匀,另外特别是对于夹板式牵引机来说,当夹板磨损或生产产品出现变化时,需要更换夹板,非常费时,且增加成本。

往复式牵引机具有两套牵引单元来交替工作,因为这种装置的牵引力和夹持力是分开的,可以实现连续同步夹持牵引制品。往复式牵引机采用液压或机械驱动,现代化牵引设备一般都采用液压驱动机械手式传动。虽然往复式牵引机的操作复杂,但是它可以牵引尺寸更大、形状复杂的拉挤型材。

3.2.5　切割

切割是在连续生产过程中进行的。当制品长度达到要求时,缺口端拨动限位开关,接通切割电机电路,切割装置便开始工作。首先是装有橡皮垫的夹具将制品抱紧,然后用砂轮或者其他刀具进行切割。切割过程由两种运动完成,即纵向运动和横向运动。纵向运动是切割装置跟随制品一起向前移动,横向运动是切割道具的进给运动。

切割过程中,刀具的磨损非常严重,这就对刀具材料提出更高要求。实践证明,各种材料中,金刚石砂轮锯切的效果最好,具有切割效率高、加工质量好等优点。由于在切割过程中会产生大量粉尘,为了环境和操作者健康,切割装置要具备除尘功能,所以一般采用湿法切割来达到除尘的效果。除此之外,还可以利用含有水溶性油剂的水来起到防锈作用。

3.3　拉挤成型原材料

拉挤工艺原材料系统由增强材料、基体材料、填料及辅助剂等几个部分组成。增强材料是纤维增强复合材料的支撑骨架,它基本上决定了拉挤制品的机械强度、弹性模量,特别是极大地提高了制品的拉伸强度和拉伸弹性模量,而且减少了高聚物收缩,提高了热变形温度和低温冲击强度。树脂基体将增强材料黏结成一个整体,使增强材料能充分发挥其力学性能优势。复合材料的耐热性、耐化学腐蚀性、阻燃性、耐候性、电绝缘性、电磁性能等都取决于树脂基体。同时,树脂基体的性能和含量对复合材料的抗冲击性能和力学性能都有不同程度的影响,填料和辅助剂用来优化制品性能或工艺。

3.3.1　增强材料

纤维是复合材料中的增强体,具体纤维分类及介绍见 2.2.1 节。其中玻璃纤维在结构、性能、加工工艺、价格等方面的综合优势,使得其成为拉挤成型复合材料的主要增强材料。芳纶纤维及其复合材料加工较为困难,价格也远高于玻璃纤维，一般在拉挤成型复合材料中应用较少。

为了使复合材料拉挤制品具有足够的横向强度，必须使用短切毡、连续毡、组合毡、无捻粗纱织物和针刺毡等增强材料。也可以采用双向织物来提高拉挤制品的横向力学性能。这种编织物的经向与纬向纤维不是相互交织的，而是用另外一种编织材料使其相互缠绕，因而与传统的玻璃布完全不同，每个方向的纤维都处于准直状态，不产生任何弯曲，从而使拉挤制品的强度和刚度都比无捻粗纱和连续毡构成的复合材料高很多。

3.3.2 树脂

传统拉挤成型工艺应用最多的是不饱和聚酯树脂、乙烯基酯树脂、环氧树脂、改性酚醛树脂等热固性树脂；除此之外，热塑性树脂也被用于拉挤工艺，如聚丙烯、ABS、尼龙等，能改善拉挤件的耐热性和韧性。实际应用中应根据拉挤成型的工艺特点和产品的使用要求来设计树脂配方。

在拉挤成型工艺中，树脂基体的选择还要考虑以下因素。

1）制品的设计要求

为了保证拉挤制品的性能和质量，使其满足使用要求，在选用基材时要首先考虑制件的技术要求，例如，制件是否为结构件，是否要求耐腐蚀，电性能和光学性能有无特殊要求等，从而按照技术要求来选择树脂种类。

2）拉挤成型工艺对树脂特性的要求

拉挤成型工艺对树脂特性的要求包括树脂体系的黏度、固化温度、固化速度及固化收缩率等。拉挤工艺要求树脂具有适当的黏度、良好的流动性，从而更好地浸润树脂。较快的固化速度能提高生产速度，为了降低制品的固化收缩率，可以在树脂配方中引入各种类型的填料，既可降低产品固化的收缩率，改善产品性能，又能降低成本。

3）拉挤制品的生产成本

在保证制品性能的前提下，还应考虑经济性，这就需要选用成本较低的树脂，从而提高产品竞争力。

1. 常用热固性树脂

1）不饱和聚酯树脂

不饱和聚酯树脂是由饱和或不饱和二元醇与饱和或不饱和二元羧酸（或酸酐）缩聚而成的线型高分子化合物。不饱和树脂具有优异的综合性能，而且通过化学改性和添加助剂，可以非常容易地实现对最终制品性能的大范围调整。不饱和聚酯树脂的黏度较低、流动性好，对增强材料具有良好的浸润性，它的反应活性高，能在拉挤模具中实现快速、可控的固化，非常适合拉挤工艺。拉挤制品中不饱和聚酯树脂应用最多，约占总量的 90%。

（1）不饱和聚酯树脂的主要优点：①工艺性能良好。不饱和聚酯树脂经苯乙烯稀释后，在室温下就有适宜的黏度，可以在室温下固化，常压下即可成型。由于其色泽较浅，通过加入着色剂就可以得到各种色彩的制品。为了适应拉挤工艺的快速发展以及满足拉挤制品的高性能要求，各公司致力于制造专用于拉挤成型工艺的聚酯树脂，使得聚酯树脂的固化收缩率及制品的表面质量得到了改善。与此同时，它们还通过在树脂配方中加入改性单体，从而实现制品耐热性、耐燃性等性能的提升。②固化后树脂性能良好。不饱和聚酯树脂固化后的力学性能介于环氧树脂和酚醛树脂之间，它的电性能、耐化学腐蚀性能、耐老化性能都较好，除此之外，拉挤工艺还可以根据制件的不同用途选用不同性能的树脂。③价格较低。不饱和聚酯树脂的价格远低于环氧树脂，略贵于酚醛树脂。

（2）辅助剂。不饱和聚酯树脂常用的辅助剂有交联剂单体、引发剂、促进剂、触变剂、阻燃剂、填料及颜料等，其中交联剂单体、引发剂、促进剂是最主要的辅助剂。

（3）固化过程。不饱和聚酯树脂的固化过程根据其固化条件可以分为热固化和冷固化。热固化是指在引发剂存在的情况下进行加热固化；冷固化则是在树脂体系中加入引发剂和促进剂，使其在室温条件下固化。不饱和聚酯树脂的固化过程包含凝胶、硬化、熟化三个阶段。凝胶阶段是指树脂由于失去流动性凝结成胶状的阶段，硬化阶段是指树脂从凝胶状到变成具有足够硬度和固定形状状态的阶段，此时树脂与部分溶剂（如乙醇、丙酮等）接触时会溶胀而不会溶解，加热时可以软化但不能完全熔化。熟化阶段是指从硬化以后开始到具有稳定的物理化学性能、可供使用的阶段。

（4）常用的不饱和聚酯树脂类型。用作拉挤的不饱和聚酯树脂基本上是邻苯和间苯型不饱和聚酯树脂，其中间苯型不饱和聚酯树脂固化制品有较好的力学性能和良好的韧性、耐热性、耐腐蚀性，并且纯度更高。但是邻苯型不饱和聚酯树脂的价格相对较便宜，所以在满足性能的前提下，厂家更多使用邻苯型不饱和聚酯树脂。

（5）不饱和聚酯树脂的缺点：①固化时体积收缩率较大；②成型时有一定的气味和毒性；③黏结力低于环氧树脂。

2）环氧树脂

环氧树脂属于高性能热固性树脂，与不饱和聚酯树脂和乙烯基酯树脂相比，环氧树脂具有较好的韧性、抗疲劳性能、蠕变性能、耐高温性、耐溶剂性和化学性能，一般用于对性能要求较高的产品。

（1）环氧树脂的优点：①良好的加工工艺性；②固化收缩率小；③黏结性能好；④性能稳定，固化前的树脂不易变质，固化后的树脂尺寸稳定、耐热、吸水性低；⑤耐化学性能好，环氧树脂可耐碱，而聚酯树脂不能；⑥机械性能好，环氧树脂结构中含有环氧基、醚基、羟基等，同时其结构紧密，所以机械性能相对聚酯树脂、酚醛树脂等更好；⑦优异的电绝缘性，环氧树脂是一种良好的绝缘材料。

（2）填料。填料可改善环氧树脂固化体系和固化物的性能、降低产品的成本。常见的填料为粉状白垩、粉状石英、粉状云母、陶土等。填料粒度应大于 0.1 μm，与树脂的亲和性好，在树脂中沉降性小。

（3）固化过程。环氧树脂的固化体系对拉挤制品的性能有较大的影响。常用的环氧树脂的固化剂按化学结构主要分为胺类和酸酐类。按照固化机理可以分为两类：一类参与固化反应，并构成固化产物的一部分链段，称为加成型固化剂，如伯胺、仲胺和多元酐等；另一类仅发生引发作用，使树脂本身聚合成网状结构，而固化剂本身不参加交联反应，称为催化型固化剂，如叔胺、三氟化硼络合物等。环氧树脂与固化剂是组成环氧树脂固化物的基本成分，但为了改善固化物的性能，往往需要加入辅助材料。

（4）常见的环氧树脂。拉挤工艺中常用的环氧树脂主要是双酚 A 型环氧树脂，其他的环氧树脂还有间苯二酚环氧树脂（J 型）、丙三醇环氧树脂（B 型）、酚醛多环氧树脂（F 型）、海因环氧树脂等。

3）酚醛树脂

酚醛树脂是较早开始应用的合成树脂，具有良好的力学性能、介电性能及阻燃特性，在地铁、飞机内饰、医院和海上平台等对阻燃要求较高的领域大量应用。但是其固化反应速度慢，成型周期长，而且固化时副产物有水生成，而水在高温下蒸发会在制品中产生气泡、空穴等缺陷，从而影响制品的机械性能和力学性能。因此，需要在酚醛树脂改性、拉挤成型工艺等方面进行大量工作。

尽管酚醛树脂有很多优点，但是由于其脆性大、耐碱性差等缺点，其很少被单独使用。在实际生产中，大多采用的都是改性酚醛树脂。拉挤酚醛树脂在使用前应进行适当的热处理，这样一方面能提高拉挤时的固化速度，另一方面又大大减少固化过程释放的水分，使水分子在拉挤过程就被挤出，从而减少制品内的气泡或空穴。对于酚醛树脂拉挤制品，固化后还需要在合适的温度下进行后固化处理，这样可以显著改善制品的性能。三种树脂的特点如表 3.1 所示。

2. 热塑性树脂

热塑性树脂是指具有线型或分支型结构的有机高分子化合物，特点是遇热软化或熔融而处于可塑性状态，冷却后又变坚硬，并且这一过程可以反复进行。典型的热塑性树脂有聚氯乙烯、聚乙烯、聚丙烯、聚苯乙烯及其共聚物、聚酰胺、聚碳酸酯、聚甲醛、聚酰亚胺、改性聚酰亚胺、聚苯硫醚及芳香族聚酯等。热塑

表 3.1　三种常用树脂的特点

特点	酚醛树脂	环氧树脂	不饱和聚酯树脂
优点	1. 容易制成 B 阶树脂，有优良的预浸渍制品的性能 2. 固化物的耐高温性能，特别是高温强度，比聚酯树脂好得多 3. 有优良的阻燃性 4. 固化物的密度均为 1.15 g/cm³，比聚酯稍小 5. 固化物的强度比聚酯高 6. 热变形温度高，脱模时变形小 7. 可用水和醇的混合溶剂，操作方便 8. 成型只需加热加压，不需添加引发剂和促进剂	1. 固化收缩率小 2. 固化物的机械强度高 3. 电性能、耐腐蚀性能（特别是耐碱性）优良 4. 若对树脂和固化剂进行选择，能得到耐热性好的固化物 5. 树脂保存期长，选择固化剂可以制成 B 阶树脂，有良好的预浸渍制品的性能 6. 尺寸稳定性好 7. 黏结性能好 8. 固化时不会像聚酯那样容易受空气中氧的阻聚作用 9. 不含挥发性单体，配合组成时长保持稳定，缠绕特性好	1. 固化时无挥发性副产物，几乎达到 100%固化 2. 固化迅速，即使常温下也能固化 3. 可使用多种手段实现固化，如过氧化物、紫外线、射线等 4. 可低压成型、接触低压成型 5. 机械及电性能优良 6. 耐腐蚀性 7. 能赋予柔软性、硬质、耐候性、耐热性、耐腐蚀性、触变性、难燃、自熄等特征
缺点	1. 固化比聚酯慢，到完全固化需要较长时间 2. 固化产生副产物，成型时需要比聚酯更高的温度和压力 3. 固化物硬而糙 4. 固化物的颜色在褐色与黑色之间，不能自由着色或着淡色 5. 耐腐蚀性好，但耐候性差，日久变色明显 6. 预浸渍制品，保存期间，必须低温存放	1. 固化剂毒性较大 2. 固化时间比聚酯长，若要完全固化则需要长时间热处理 3. 黏度大，浸渍性不好 4. 固化放热高	1. 空气中的氧影响固化 2. 收缩性大 3. 固化方法不当时，由于固化放热及收缩不理想，在制品中会产生裂纹 4. 固化易受温度、湿度影响 5. 制造后随时间的推移，其固化特性也容易产生变化 6. 阻燃性差 7. 黏稠状液体，有特殊臭味

性拉挤工艺是一种高效、经济的复合材料成型方式，在成型过程中无须添加其他物质即可得到连续纤维增强复合材料。热塑性树脂基复合材料具备高韧性、耐疲劳、原材料可长期储存、成型速度快和易回收再利用等独特优势，近年来已在飞机蒙皮、整流罩、机翼、垂尾等大型构件上获得工程应用。

3.3.3　填料

在制造拉挤制品时往往在其树脂中加入一些填料，其目的在于通过调节树脂性能来减少树脂固化收缩，降低制品的收缩率。实际生产中在大多数情况下主要是为了降低树脂系统的成本。除此之外，填料也会给材料性能带来一些负面影响，如降低材料的耐水性和耐化学腐蚀性。表 3.2 为填料氢氧化铝对拉挤复合材料力学性能的影响。另外，氢氧化铝的加入，对树脂的凝胶时间、热变形温度等也有一系列影响。

表 3.2　填料氢氧化铝对拉挤复合材料力学性能的影响

性能	添加量/%						
	0	15	20	30	40	50	60
弯曲强度/MPa	886.2	998.4	1006.6	1015.9	1041.2	1030.2	1001.2
剪切强度/MPa	52.9	66.1	67.5	67.8	67.5	66.3	65.8

在选择填料时要考虑的主要因素有价格、密度、吸树脂量、填充量及粒度分布（一般在 150～300 目）；其次还要考虑填料对液态及固态树脂的影响。一般来说，对材料的选用有如下要求：

（1）填料要干燥，易分散于树脂中，吸附的树脂量低，对树脂有良好的浸润性；

（2）对树脂固化反应及固化后产品性能影响较小；

（3）对厚度大的制品还要求有较好的导热性；

（4）成本低。

填料的种类繁多，性能各异，不同的填料其作用也不同。一般主要有以下作用：

（1）减少树脂固化收缩和制品表面粗糙度，提高制品的尺寸稳定性；

（2）降低制品的收缩率，有效调节树脂黏度；

（3）调整制品的塑性。

填料通常为粉末，常见的填料有硅藻土、碳酸钙、石墨、氢氧化铝、高岭土、氧化铝、膨润土、云母、滑石等。填料的用料变化幅度很大，可以是树脂含量的 10%～150%。表 3.3 为常见几种填料的性能。

表 3.3　拉挤型材几种填料的性能

填料名称	密度/（g/cm³）	吸树脂量/%	粒度/目	附加功能
辉绿岩粉	1.6～1.7	20～40	200～325	耐酸性好（氢氟酸除外）、耐热性高、耐磨性高、收缩率小
石英粉	2.6～2.65	—	—	耐酸性较好、吸水性较高、收缩率大、绝缘性好
瓷粉	1.5～2.9	14～40	—	耐酸性较好、导热性较高
石墨粉	2.1	—	—	导热导电性好、耐酸碱性好、吸水性低、收缩率小
滑石粉	2.4～2.9	30	200～325	耐酸性较好、耐碱性差、耐乙醇、耐重油

续表

填料名称	密度/（g/cm^3）	吸树脂量/%	粒度/目	附加功能
碳酸钙	4.4	18	120	耐腐蚀性好
氧化铝	2.5～2.9	40	100～325	电绝缘性好、阻燃性好
氢氧化铝	2.42	6～55	100～325	阻燃性好

在实际生产中，使用最多的填料是碳酸钙、氢氧化铝及高岭土等。为了保证填料与树脂和增强材料之间有良好的界面，常用硅烷和钛酸酯偶联剂对填料进行表面处理。

3.3.4　阻燃剂

阻燃剂能阻止聚合物材料引燃或抑制火焰传播。某些树脂在分子骨架上就带有具阻燃功能的官能团。但是，很多树脂体系还得依靠外加阻燃剂才能达到阻燃的目的。阻燃剂根据使用方法可分为添加型和反应型两大类。添加型阻燃剂是指在复合材料加工过程中加入的具有阻燃作用的液体或固体材料，主要包括磷酸酯、卤代烃及氧化锑等。添加型阻燃剂使用方便，使用量大，对复合材料性能有一定影响。反应型阻燃剂指在缩聚或聚合过程中，其作为单体能参与反应并结合到聚合物分子链上，因此对复合材料性能影响较小，且阻燃性持久，反应型阻燃剂主要包括含磷多元醇及卤代酸酐等。常用的阻燃剂是磷、溴、氯、锑和铝的化合物，必要时可以采用几种阻燃剂混合使用以提升效果。

3.4　拉挤制品设计

3.4.1　结构设计

拉挤工艺适用于制造恒定断面的工字形、角形、槽形、管形（圆管、矩形管）、杆、棒、板材以及具有组合截面的各种型材。拉挤制品的典型特点之一就是制品性能及结构的可设计性。因为拉挤产品为细长结构，可视为杆或梁，事实上也是作为杆和梁使用的。

1．强度设计

拉挤制品是一种宏观各向同性材料，其轴向与横向间没有拉弯耦合效应。这对于仅受到轴向力或轴向弯矩的拉挤制品，其强度分析可以得到简化。

1）许用应力

$$[\sigma] = \sigma_{\mathrm{b}}/K \qquad\qquad (3.1)$$

式中，$[\sigma]$——许用应力；

σ_b——材料的极限破坏应力，或称为材料的强度（拉伸强度、压缩强度、弯曲强度）；

K——安全系数。

关于材料的极限破坏应力 σ_b，必须要和制品所处的环境温度（即工作温度）一致。因为纤维增强复合材料（fiber reinforced plastics, FRP）的强度一般与环境温度成反比。当制品在高温环境下工作时，不能用低温强度值进行设计分析，而要通过耐高温树脂来提高强度值。

实践证明，安全系数的选取与结构所承受的载荷有关。表 3.4 为制品在不同载荷下的最小安全系数。

表 3.4　FRP 拉挤制品在不同载荷下的最小安全系数

载荷类别	短期静载荷	长期静载荷	可变静载荷	疲劳载荷	冲击载荷
最小安全系数	2	4	4	6	10

2）拉伸强度

拉挤制品轴向强度高，通常可作为拉伸结构件。其拉伸应力可表示为

$$\sigma = F/A \tag{3.2}$$

式中，F——轴向拉伸应力；

A——拉挤制品的横截面积。

根据强度设计准则：$\sigma \leqslant [\sigma]$，可以得到如下设计参数：

（1）确定拉挤件的最大设计拉力。

$$F = A[\sigma] \tag{3.3}$$

（2）确定拉挤产品的最小设计截面尺寸。

3）弯曲强度

拉挤成型"工"字形、"口"字形横断面的制品的抗弯性能良好。设 $[\sigma]$ 是拉挤制品的弯曲许用应力，则弯曲强度条件为

$$\sigma_{max} = M_{ymax}/W_y \leqslant [\sigma_f] \tag{3.4}$$

式中，σ_{max}——最大弯曲应力；

M_{ymax}——截面上的最大弯矩；

W_y——梁的抗弯截面系数，由截面形状和尺寸确定。

根据以上强度条件，可以解决三类问题：

（1）选择横断面。在已知材料性能及梁上所作用的弯曲载荷时，可以通过式（3.5）选择横断面尺寸：

$$W \geqslant M_{y\max} / [\sigma_{\mathrm{f}}] \tag{3.5}$$

（2）计算许用弯矩：

$$M_{y\max} \leqslant W_y [\sigma_{\mathrm{f}}] \tag{3.6}$$

（3）强度校核：

$$M_{y\max} / W_y \leqslant [\sigma_{\mathrm{f}}] \tag{3.7}$$

2. 刚度设计

FRP 拉挤制品的刚度相对而言较低，因此一般采用刚度设计方法。

1）许用变形

许用变形是为了保证结构物的安全与正常使用，规定结构在一定工作条件下所允许的最大变形。

许用变形一般是指许用应变或许用挠度，许用应变可表示为

$$[\varepsilon] = \varepsilon_{\mathrm{b}} / K \tag{3.8}$$

式中，ε_{b}——材料的断裂延伸率；

K——安全系数。

许用挠度是指梁受到弯曲变形时所容许的最大挠度，许用挠度可以表示为

$$[f] = l / K_n \tag{3.9}$$

式中 K_n 取值范围为 250～750。

2）拉伸刚度设计

当制品受到拉伸力作用时，其应变为

$$\varepsilon = \varepsilon_{\mathrm{b}} / E_{\mathrm{L}} \tag{3.10}$$

式中，E_{L}——梁的轴向弹性模量。

由刚度设计条件，则有

$$\varepsilon = F / (A E_{\mathrm{L}}) \leqslant [\varepsilon] \tag{3.11}$$

由式（3.11）可以确定：

（1）横断面面积：

$$A \geqslant \frac{F}{[\varepsilon] \cdot E_{\mathrm{L}}} \tag{3.12}$$

（2）最大允许拉伸力：

$$F \leqslant A E_{\mathrm{L}} [\varepsilon] \tag{3.13}$$

（3）刚度校核：

$$[\varepsilon] \geqslant \varepsilon = \frac{F}{A E_{\mathrm{L}}} \tag{3.14}$$

3）弯曲强度设计

梁结构在一定支撑条件下，受到弯曲作用力，将产生挠度 f。设 f_{max} 为最大挠度，由弯曲刚度条件，则有

$$f_{max} \leqslant [f] \tag{3.15}$$

挠度表达式一般可以归结为

$$f_{max} = k_p \frac{pL^3}{E_L J} + k_q \frac{qL^4}{E_L J} \tag{3.16}$$

式中，k_p、k_q——与集中载荷 p 和分布载荷 q 有关的系数，这些系数还与梁的支撑条件有关；

　　　J——惯性矩。

弯曲刚度分析如下：

（1）确定最小截面尺寸，即有

$$J \geqslant k_p \frac{pL^3}{E_L [f]} + k_q \frac{qL^4}{E_L [f]} \tag{3.17}$$

（2）确定最大许用载荷，对于仅有集中载荷 p 的情形有

$$p \leqslant \frac{E_L J [f]}{k_p L^3}, \quad k_q = 0 \tag{3.18}$$

对于仅有分布荷载 q 的情形有

$$q \leqslant \frac{E_L J [f]}{k_q L^3}, \quad k_p = 0 \tag{3.19}$$

（3）确定最大跨距 L，由 $f_{max} \leqslant [f]$ 求得。

（4）进行刚度校核，即

$$k_p \frac{pL^3}{E_L J} + k_q \frac{qL^4}{E_L J} \leqslant J \tag{3.20}$$

3. 连接设计

拉挤制品的连接方式有三种，即胶接、机械连接和复合连接。胶接是采用胶结剂将被黏接件黏接在一起；机械连接是指铆接、螺栓连接及销钉连接等。复合连接方式采用胶接和机械连接两种方式，使连接强度提高。

1）胶接设计

（1）设计原则。①拉挤制品承受任何载荷时，不应使胶接处成为最薄弱环节；②不能简单地采用平均应力来预计接头的强度，应考虑到胶层应力集中现象；③避免接头产生剥离应力；④对于厚度不大的板材，可采用单面或双面搭接，双面搭接长度与板厚比大于 15。对于厚度较大的板，应采用斜面或阶梯形搭接。斜

面搭接应增加斜接长度，一般控制在倾角为 5°左右。

（2）胶接形式。胶接形式有五种，即单面胶接、双面胶接、斜面胶接、角形板接头和丁字形板接头。

2）机械连接设计

机械连接形式如图 3.4 所示，其设计包含以下几点：

（1）满足强度要求；

（2）在多列紧固件连接时，避免紧固件受力的不均匀性；

（3）避免被接板的刚度不平衡；

（4）防止紧固件对孔壁的磨损。

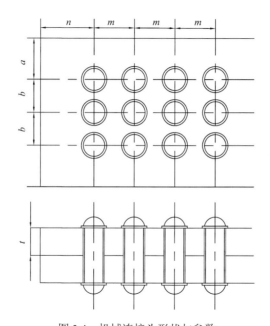

图 3.4　机械连接头形状与参数

a.边距；b.行距；n.端距；m.列距；t.连接板厚

3）紧固件的设计

（1）紧固件的选择应当考虑本身的强度，以保证紧固件不先于连接板破坏。

（2）增大螺母和垫圈挤出面积，以提高接头的强度。垫圈直径应在孔径的 2.5 倍左右。

（3）确定适当的紧固件端距、边距、行距、列距，其参考值见表 3.5。

表 3.5　端距、边距、行距、列距参考值

板厚 t/mm	端距 n/mm	边距 a/mm	行距 b/mm	列距 m/mm
<3	3d	2.5d		
3~5	2.5d	2d	（4~5）d	> 4d
>5	2d	2d		

3.4.2　制品设计

1. 横断面形状设计

拉挤制品的横断面形状一般根据用户要求进行设计。设计既要考虑到制品的使用性能，也要考虑到它的工艺性能，不能完全按照等代设计的方法，必须依据拉挤工艺的特点进行横断面形状设计。

早期人们沿用钢结构件标准加工 FRP 制品。由于 FRP 是非均质材料，固化过程会收缩，致使制品产生翘曲，如角钢型材完全按照钢型材等代设计，产品两条外边向内收缩，致使两外边夹角缩小。拉挤角材的改进措施如下：

（1）减小角材夹角内倒角的半径；

（2）使角材两边的两端基本保持矩形断面；

（3）使角材所有 5 条棱线都呈很小的圆弧倒角。

2. 材料结构设计

材料结构设计是研究制品内部各组分材料的合理配置问题，它包括如下几个方面。

1）增强材料的配置

不同形状与性能的制品应采用不同的增强材料配置，一般考虑以下两点：

（1）对于圆柱形、骨形等实心杆件，只需采用无捻单向纤维增强材料即可。

（2）对于横断面为薄壁型材，如槽形、角形等制品，除采用无捻纤维外，还应采用连续纤维毡，以增强横向强度。两种增强材料之间的配比，可依据型材的几何尺寸及力学性能要求进行配置。实际上一般将连续纤维毡置于制品表面（内表面或外表面）。

2）树脂系统的设计

树脂系统设计包括选用树脂、添加剂、填料等及各自的含量、配比。要根据制品的使用要求进行设计。树脂系统除了要确保作为基体材料，具有良好的黏结强度性能和固化工艺性能外，还应满足不同的使用要求，如阻燃性、耐高温、绝缘、隔热等。树脂系统的设计实质上是确定拉挤型材的物料配方。

3）增强纤维与基材的配比

制品一般有特定的力学性能要求，例如，光纤电缆的 FRP 增强芯的抗拉强度为 1200 MPa，弹性强度达 50 GPa。要达到这种力学性能指标，除选用优质的树脂和玻璃纤维外，还必须严格控制纤维束的含胶量，根据性能要求确定纤维与树脂质量比率。一般型材的玻纤含量（质量比）如下：棒杆型材为 80% 左右，槽钢、角钢、圆管等为 60% 左右，实际拉出产品还要低，在 50%～60%。对于二者配比，有两种说法，一是质量比，二是体积比，二者对应关系如表 3.6 所示。对于一些具有其他如绝缘、耐热、耐磨等性能要求的制品，也应对其组分材料做出合理的设计。

表 3.6　纤维增强拉挤制品纤维质量含量与体积含量对比

纤维含量（质量）/%	纤维含量（体积）/%	制品密度/（g/cm³）
50	32.98	1.68
60	42.47	1.798
70	53.45	1.940
80	66.31	2.105
90	81.58	2.302

3.5　拉挤成型技术的发展及其制品的应用

3.5.1　拉挤成型技术的发展

随着拉挤成型制品需求的不断增长，研究者在传统拉挤成型技术发展的过程中不断对其技术进行改进，来增加拉挤成型工艺的灵活性和适应性。又加之新工艺技术、新树脂体系层出不穷，极大扩展了拉挤成型复合材料制品的应用领域，由此一系列新型拉挤技术日益发展，趋于成熟。新型拉挤成型技术发展的典型代表有反应注射拉挤成型工艺、热塑性复合材料拉挤成型工艺、聚氨酯复合材料拉挤成型工艺、曲面拉挤成型工艺、在线编织拉挤成型工艺、缠绕拉挤成型工艺和三维拉挤成型工艺等。

1. 反应注射拉挤成型工艺

反应注射拉挤成型工艺是利用低黏度的树脂单体或低聚物浸渍纤维，在拉挤模具内反应聚合形成复合材料的技术。与通常的拉挤工艺相比，反应注射拉挤成型工艺的特点在于：拉挤过程中将树脂组分直接注入树脂浸渍腔或拉挤模具入口处浸润增强材料，然后通过加热的模具成型。反应注射拉挤成型工艺实际上是将拉挤工艺与模塑工艺结合起来形成的一种很有特色的工艺。

反应注射拉挤成型工艺过程中，树脂体系中的组分一般为 A、B 两种或两种以上的液态单体或聚合物，将树脂体系中的各个组分预热以后按照一定比例经计量泵送入树脂混合单元，充分混合后直接导入树脂浸渍腔或模具入口处浸渍增强材料。由于在高温环境下浸润增强材料，此时树脂体系的黏度较低，浸润效果较好。此外，由于树脂组分的混合和使用同时进行，也不存在树脂使用期的问题。由于树脂混合单元靠近模具入口处，各组分一经混合就会快速反应、固化。所以需要采用专用原料和配方，有时制品还需进行热处理来改善其性能。由于在树脂体系中各成分的比例对制品性能影响较大，所以混合头是反应注射拉挤成型设备的关键，必须准确计量和输送各组分。

反应注射拉挤成型具有以下优点：

（1）玻璃纤维充分浸透，所生产的复合材料制品中微气泡含量少，性能好；

（2）树脂供应体系与空气隔离，环境因素对产品性能影响较小；

（3）由于树脂组分混合和使用同时进行，树脂一直保持相同的固化特性；

（4）易于发现并剔除产品缺陷；

（5）对环境和操作人员影响较小。

2. 热塑性复合材料拉挤成型工艺

自 20 世纪 80 年代中期始，人们对采用拉挤工艺制造连续纤维增强热塑性复合材料产生了极大兴趣。这是因为采用热塑性复合材料可避免热固性复合材料固有的环境友好性差、加工周期长和难以回收等不足，并且可具有更好的综合性能，如较强的柔韧性和抗冲击性能、良好的抗破坏能力、损伤容限高、可补塑、可焊接、生物相容性好、可回收、成型时无须固化反应、成型速度快及可以重复利用等特点。尽管热塑性塑料拉挤成型具有上述优点，但其在近几年才开始发展起来，因为热塑性聚合物相对较高的熔体黏度限制了其对高含量纤维增强体的渗透能力，难以制备高性能的复合材料。热塑性复合材料拉挤成型工艺如图 3.5 所示。

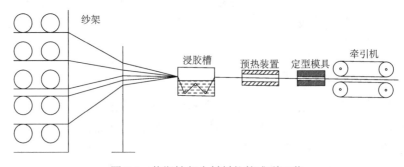

图 3.5　热塑性复合材料拉挤成型工艺

拉挤常用的热塑性聚合物有高密度聚乙烯（HDPE）、聚丙烯（PP）、聚酰胺-66（PA-66）和聚醚醚酮（PEEK）等。根据成型中是否涉及反应过程，热塑性复合材料拉挤工艺可分为两大类，如图 3.6 所示。目前来看，非反应拉挤应用更广泛，技术也相对成熟。

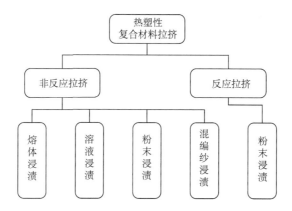

图 3.6 热塑性复合材料拉挤工艺分类

3. 聚氨酯复合材料拉挤成型工艺

采用拉挤工艺制造复合材料制品已有数十年历史。拉挤工艺传统使用的树脂有聚酯树脂、乙烯基酯树脂、环氧树脂等。高度自动化的拉挤成型技术能充分发挥纤维的力学性能，适用于连续生产树脂基复合材料。聚氨酯凭借其出色的力学性能、低压成型、快速固化、无苯乙烯挥发等优点从传统树脂中脱颖而出，由此出现了把聚氨酯树脂用于拉挤的新技术，聚氨酯拉挤成型工艺流程图如图 3.7 所示。

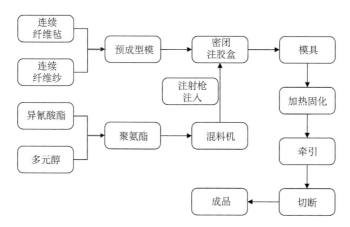

图 3.7 连续纤维增强聚氨酯复合材料的拉挤成型工艺流程图

聚氨酯是以低聚物多元醇和异氰酸酯为主要原料合成的一种主链含有氨基甲酸酯基团的聚合物。与传统树脂相比,聚氨酯与增强材料的结合更好,因此抗冲击性能、力学性能和耐候性优异。聚氨酯用于拉挤成型工艺具有黏度低、成型速度更快的工艺优势,拉挤用聚氨酯树脂的相关性能如表 3.7 所示。连续纤维增强聚氨酯复合材料采用拉挤工艺成型,具有以下优点:

(1)常使用玻纤无捻粗纱而非玻纤毡。这样不仅降低了原料成本和劳动力成本,还避免了因玻纤毡易破碎而影响生产的缺点。

(2)纤维质量分数高达 60%~90%,浸胶在张力下进行,可充分发挥纤维的作用,因而制品强度更高。

(3)无须更换原有的拉挤设备,系统装配简单经济。

(4)生产过程可完全自动化控制,生产效率高。

表 3.7　拉挤用聚氨酯树脂的相关性能

性能	ASTM 测试方法	指标
弯曲强度/MPa	D790	>1200
弯曲模量/GPa	D790	48
弯曲应变/%	D790	3.0
摆锤式冲击强度/(kJ/m^2)	ISO 179	>189
短梁剪切强度/MPa	D2344	>62
热变形温度(1820 kPa)/℃	D648	240

4. 曲面拉挤成型工艺

美国 Goldsworthy Engineering 公司在现有拉挤技术的基础上,开发了一种可以连续生产曲面型材的拉挤工艺,用以生产汽车用弓形板簧。这种工艺的拉挤设备由纤维导向装置(用来分配纤维)、浸胶槽、射频电能预热器、转盘、环形阴模、固定阳模模座、模具加热器、高速切割器等装置组成。所用原材料为不饱和聚酯树脂、乙烯基酯树脂或环氧树脂和玻璃纤维、碳纤维或混杂纤维。弓形板簧的生产过程:在旋转台上固定几个与板簧凹面曲率相同的阴模(称作旋转模),形成一个完整的环形模具,阴模的数量应与板簧的长度相配合。同时,固定阳模模座的凹面,使之与环形阴模的凸面相对应,它们之间的空隙即成型模腔。转台转动时,牵引着浸渍了树脂的增强材料经过射频电能预热器和导向装置后,再经紧靠着导纱装置的固定模端部的模板进入由固定阳模与旋转阴模构成的闭合模腔中,然后按模具的形状弯曲定型、固化。制品被切割前始终置于模腔中。待切断后的制品从模腔中脱出后,旋转模即进入下一轮生产位置。这种拉挤工艺可用于生产截面积相等但形状变化的汽车弹簧。Goldsworthy Engineering 公司现能生产出曲率半径为 50～150 cm、截面积为 13 cm^2 的汽车板簧，拉挤速度为 1.8～3 m/min。

5. 在线编织拉挤成型工艺

在线编织拉挤成型工艺原理图如图 3.8 所示。该工艺以高分子有机膜材料为复合层材料，将高分子有机膜材料、溶剂、添加剂按质量比混合，搅拌溶解均匀，制成复合中空纤维膜的复合层铸膜液；纺织纤维通过编织机和编织管支撑层，由拉挤机的牵引装置牵引，芯模固定不动，纤维编织管支撑层沿芯模织好，由芯模前端进入模具，同时，在模具前端的复合层铸膜液浸渍区内浸渍复合层铸膜液（复合层铸膜液在压力下源源不断注入模腔），经牵引通过凝固槽胶凝、固化，最终制得复合中空纤维膜。

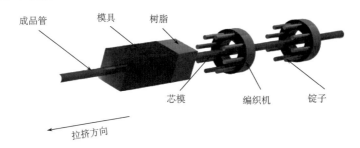

图 3.8　在线编织拉挤成型工艺原理图

6. 缠绕拉挤成型工艺

缠绕拉挤成型工艺就是在拉挤工艺固化成型之前的适当环节引入缠绕工艺，从而形成一个以拉挤工艺为主、缠绕工艺为辅的复合材料成型系统。缠绕拉挤工艺的工艺流程和设备如图 3.9 所示，制造流程为粗纱浸渍、预成型、缠绕、二次浸渍、成型、牵引、成品。

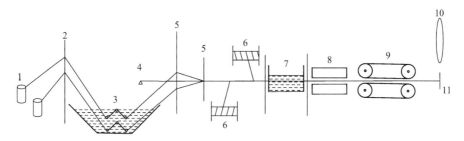

图 3.9　缠绕拉挤工艺流程图和设备图

1. 纱团；2. 分纱板；3. 浸渍槽及梳子；4. 芯模；5. 预成型模；6. 左右两个旋转方向的缠绕纱团；7. 二次浸胶；8. 成型模具；9. 牵引装置；10. 锯；11. 成品

缠绕拉挤工艺非常适合于成型连续单向纤维增强材料，这种复合材料的纵向力学强度特别突出，适用于制造对纵向拉伸强度要求高的产品。复合材料的缠绕拉挤技术尤其适用于生产壁薄、公差要求严格、高质量的碳纤维增强管状制品。

3.5.2　拉挤制品的应用

拉挤成型工艺主要用来生产复合材料产品，是复合材料业中应用最广泛的一项工艺。由于拉挤成型制品的轻质高强、耐腐蚀、可装饰性，已被用在医疗器械、体育用品、住宅装饰和家具制造业中。用它制作的手术床、拐杖、药品橱、仪器车和各种器具支架既结实又轻便。利用染色的自熄性树脂生产的拉挤制品作住宅围栏、楼道栏杆、门窗框、窗帘框、落地扇杆、各种握把和家具，既结实美观，又防火，而且不用涂漆，拉挤成型制品制作的单杠、双杠、球拍杆、钓鱼竿等是当今品质上乘的体育用品。

利用拉挤成型制品的优良电性能和轻质高强特性，在电气工业中可用它生产电线杆、电工用脚手架、绝缘板、熔丝管、汇流管、导线管、风力发电机叶片、无线电天线杆、光学纤维电缆和各种其他电气元器件。事实上，电气工业是拉挤成型制品应用最早的工业领域。

拉挤成型制品有极优良的耐化学、耐环境腐蚀能力，用它代替不锈钢、陶瓷等耐腐蚀结构材料，生产用于石油化工，自来水处理，废气、水处理等领域的各种管、罐、塔、槽和过滤栅等制品，农业生产中的牲口栅、猪舍、禽笼、洗涤槽、蔬菜暖棚支撑杆等制品，可以大大延长这些设施的使用寿命，减少维修，提高生产效率。拉挤成型制品的最大优势是力学性能好，这使得它在各种建筑、机械制造中大显神通。用它代替结构钢、合金铝、优质木材等材料，可以制造汽车保险杠、车辆和机床驱动轴、车身骨架、板簧、运输储罐、包装箱、垫木、行李架等，尤其适合于制造飞机、车船的地板、顶梁、支柱、框架等。在这些场合，它既提供了足够的强度，又减轻了结构的质量，达到了减少能量消耗和增加运输能力的双重目的。

此外，由于它的抗振性能优于传统的结构材料，它还能延长这些运动构件的使用寿命。它同时具有强度高、耐腐蚀性能好和自润滑的特性，使它成为制造农机具的极佳材料。现代楼房、桥梁建筑中也要求结构材料强度高、抗振性能好、耐腐蚀，拉挤成型制品满足所有这些要求，是理想的建筑材料。

拉挤成型制品在军事用品上也有广泛的用途。除在各种军用飞机、车辆、舰船上用作结构材料外，也可用于坦克、装甲车的复合装甲、枪炮部件，支架，弹药包装箱，伪装器材等。由于它的强度高、质量轻，抗振、抗腐蚀性能好，可减少维修保养，提高部队的机动能力。用它制作导弹、火箭弹外壳，可减轻弹体质量，提高射程。总之，拉挤成型制品正如钢和铝的各种型材一样可以用在各个不同领域，表 3.8 列举了拉挤制品的部分应用领域。

表 3.8　拉挤制品的部分应用领域

领域	性能要求	应用
建筑	质量轻、强度高、耐疲劳、易于安装维修、阻燃	地板、墙面、围墙、桥梁
电气	绝缘	电缆桥架支撑构件、雷达防护罩、传动装置
海洋	耐腐蚀性能	海底输油管、储藏槽、甲板
铁路	质量轻、耐疲劳、绝缘、耐腐蚀	枕木、车身厢体
体育休闲	质量轻、安装方便、耐腐蚀	曲棍球棒、滑雪杆、高尔夫球杆

1. FRP 在建筑门窗中的应用

Marwin 公司于 1994 年首次采用了 FRP 拉挤技术进行门窗生产，推动了门窗工业的进一步发展。由于热固性树脂黏度低，采用拉挤工艺易于成型加工，因此采用不饱和聚酯作为拉挤 FRP 基材得到广泛应用。由于采用边缘切割技术，拉挤 GUP 门窗已超过内置金属的 PVC 门窗，具有较高的强度、弹性和更好的使用性能。作为建筑门窗使用的拉挤 FRP，无论选用热固性树脂还是热塑性树脂作为基材，与传统的铝制 PVC 门窗相比，都有不可比拟的优点。

1）力学性能

由表 3.9 可见，FRP 拉挤门窗的机械强度基本达到普通结构钢的指标，某些性能接近甚至超过一些特殊合金钢。

表 3.9　各种材质门框的强度

材料	相对强度	拉伸强度/MPa	拉伸模量/GPa	弯曲强度/MPa
FRP 板材	1.42	150300	1015	220300
结构钢材	7.8	420	210	67
铝材	2.7	190	70	—
PVC 板材	1.4	36	3	100

2）环保性

FRP 拉挤门窗具有强度高、耐候性好、使用寿命长等优点，在相同时间内更换次数少，因而造成的环境污染小。此外，FRP 拉挤门窗具有很好的阻燃性和自熄性，在使用过程中不会释放有害气体，用于建筑门窗安全可靠。

3）耐久性和美观性

从结构上讲，拉挤 FRP 比木质、铝质和 PVC 门窗更加坚固、牢靠，有良好的耐磨性和耐擦伤性。此外，在拉挤 FRP 门窗的表面涂上建筑抛光剂，具有较好的抗紫外线性能，制品在长期照射下不易脱色。

2. 在电力工程领域的应用

随着我国经济和电网的快速发展，新型复合材料的应用趋势逐年凸显。传统电杆在恶劣气候下易受到严重的破坏，从而使电网遭受毁灭性打击。连续纤维增强聚氨酯复合材料电杆轻质高强，电绝缘性能好，可代替传统电杆在沿海、山地、高污秽等特殊地区的使用。因此，中国电力企业联合会标准《配网复合材料电杆》中规定必须采用聚氨酯树脂，电杆宜以拉挤工艺成型。采用拉挤成型工艺制备的聚氨酯树脂绝缘电力杆塔，其质量仅为混凝土杆的 1/10，并可直接成型到支撑件中，节省了运输、安装和劳动力成本。由于聚氨酯本身的优良特性，在成型中不需要添加固化剂、防老化剂等，降低了电力杆塔的制作成本。对玻璃纤维增强聚氨酯复合材料杆塔的性能验证表明：在几种典型工况下，杆塔未发生破坏，杆塔强度完全符合要求；在风速 5 m/s 工况下，聚氨酯复合材料杆塔最大挠度小于 5%，符合常规设计规程中的要求；但材料的抗漏电起痕性能不足，难以直接用于高电场处。

3. 在铁道枕木领域的应用

木质轨枕和钢筋混凝土轨枕是目前两种主要的枕木，前者不耐腐蚀，使用寿命短；后者原料廉价易得，性能稳定，使用寿命长，但其弹性差而硬度高，易发生破裂。相比之下，纤维增强聚氨酯合成枕木，不论其原材料本身性能还是拉挤工艺特点，都给纤维增强聚氨酯合成枕木的施工和应用带来了巨大优势。拉挤成型工艺制备的一种新型合成枕木性能测试结果表明，新型聚氨酯复合材料枕木抗弯曲荷载可达 181 kN，螺丝钉抗拔强度达 76 kN。该种枕木不仅在剪切强度、冲击强度等力学性能方面具有优良表现，在耐腐蚀、耐老化方面同样性能优异。

4. 在其他领域的应用

采用拉挤成型工艺制备的纤维增强聚氨酯泡沫汽车地板，强度高，自重轻，提高了燃油经济性；使用过程中不会有小分子挥发，防潮耐腐蚀，并具有一定的阻燃性，安全可靠；纤维增强聚氨酯材料的热膨胀系数小，不存在热变形问题，具有较长的使用寿命。此外，通过拉挤成型工艺生产的连续纤维增强聚氨酯复合材料车身，由于较高的纤维体积分数，复合材料具有优异的力学性能，较低的质量，减少了油耗和环境损害。

思 考 题

1. 拉挤工艺有几种类型，其优缺点是什么？

2. 拉挤工艺成型过程共分为哪几步，请简述其大致流程。

3. 传统拉挤成型应用的树脂有哪些，其优缺点各是什么？

4. 拉挤成型工艺参数有哪些，对其常见缺陷和原因进行分析。

5. 拉挤成型制品的连接形式有哪些，分别适用于哪些环境？

6. 结合拉挤-缠绕工艺，比较拉挤、缠绕工艺的异同，以及拉挤-缠绕工艺的优越性体现在什么方面？

第4章 复合材料液体成型技术

4.1 概 述

复合材料液体成型（liquid composite molding, LCM）技术是指将液态聚合物注入铺有纤维预成型体的闭合模腔中，或加热预先放入模腔内的树脂膜，液体聚合物在流动充模的同时完成树脂对纤维的浸润并经固化成型为制品的一类技术。

为了实现复合材料制品的低成本、高效率制造，近年来复合材料液体成型技术得到了充分的重视和广泛的发展。具有代表性的液体成型技术主要包括：树脂传递模塑（resin transfer molding, RTM）、真空辅助树脂传递模塑（vacuum assisted resin transfer molding, VARTM）、Seemann 法树脂浸渍模塑成型工艺（Seemann composites resin infusion molding process, SCRIMP）、树脂膜渗透（resin film infusion, RFI）工艺、结构反应注射成型（structural reaction injection molding, SRIM）、真空渗透工艺（vacuum infusion processing, VIP）、转型 RTM（resin transfer molding-light, L-RTM）、高压 RTM（high pressure resin transfer molding, HP-RTM）技术等，其中 RTM 技术尤其适用于大批量复合材料结构件的生产。

与其他传统纤维复合材料制造技术相比，LCM 技术具有诸多优势：制件尺寸精度高，表面质量好，可低压成型（经常低于 0.7 MPa），生产周期短，具有高性能、低成本的制造优势，可设计性好，制品机械性能好，可生产的构件范围广，既可成型形状复杂的大型整体构件，又能生产各种小型复合材料制件，可以定向铺放纤维，可一次浸渍成型具有夹芯、加筋、预埋件等的大型构件。与传统金属成型工艺相比，LCM 模具质量轻、成本低、投资小。

LCM 工艺的影响因素有很多，如图 4.1 所示，主要因素包括固化温度、初始模具/纤维温度、树脂温度、树脂注射压力、树脂注射设备、预成型体结构等，如何控制好所有因素还有待研究。目前 LCM 技术的发展仍然有许多问题需要解决，包括预成型体制备和装配困难，模具设计必须建立在良好的流动模拟分析基础上，而树脂的流动模拟分析技术尚未完善，模具密封要求高，需要专用的低黏度树脂体系，充模过程不可见，工艺控制困难，生产过程中易产生气泡、树脂富集、干斑和残余应力等。

LCM 技术是先进复合材料低成本批量生产的主要研究和发展方向。LCM 技术起源于 20 世纪 40 年代的美国，欧美等发达国家在该领域起步较早，投入了大量的资金，开展了大量的研究，取得了大量的研究成果。我国在该领域起步较晚，863 计划明确部署了应用 LCM 技术制备车用大型构件，降低高品质复合材料制造成本的研究计划，在这些研究的基础上，LCM 技术有了重大进展。

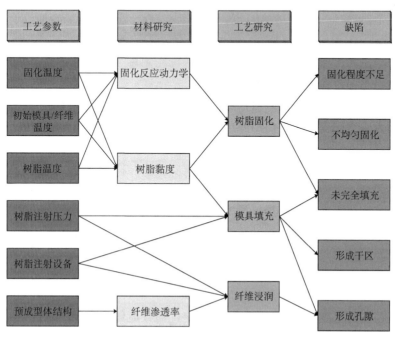

图 4.1　LCM 工艺主要影响因素

4.2　液体渗透性分析

4.2.1　单向流动分析

在 LCM 生产过程中，充模过程决定了最终产品的质量。渗透率是充模过程中预成型体的固有属性，表示为纤维预成型体对树脂流动的阻碍。树脂对纤维预成型体的渗透性能往往决定着 LCM 复合材料部件的质量和生产效率。精确地描述树脂在纤维集合体中的渗透特性，对优化模具设计中的注入口和排气口的位置、缩短制造周期、保证产品的质量至关重要。渗透率也是计算机模拟树脂传递的重要参数，准确的渗透率值是计算机充模模拟所必需的。因此深入研究树脂对纤维预成型体的渗透率，分析其影响因素，对完善 LCM 工艺具有重大意义。

在纤维预成型体的测量中常把纤维预成型体视为多孔介质，多孔介质中不可压缩流体的流动公式可以用达西定律描述：

$$u = -\frac{K}{\mu}\frac{\mathrm{d}p}{\mathrm{d}x} \tag{4.1}$$

式中，u——流体的流速；

　　　　K——渗透率；

　　　　μ——流体黏度；

　　　　$\mathrm{d}p/\mathrm{d}x$——压力梯度。

为了使达西定律适用于 LCM 工艺的渗透率测量分析，研究人员提出了一些实验过程中必须符合的前提条件：

（1）在一定注入压力下测量流动前沿位置时，定压注射的结果是流动前沿不稳定，因为压力梯度和流动前沿速度随时间在变化，此时流动前沿处的压力为最边缘压力；

（2）忽略微观流动前沿，因为在同一次实验中，树脂不但浸润织物而且也会浸润纤维内部，然而现在的实验仪器还不能在同一次实验中同时测量微观与宏观流动前沿的变化情况，但是最近的实验已对此有了进一步的研究，可以运用实验中的数据计算得出影响微观流动前沿的因素——毛细压力的值；

（3）忽略重力与表面张力的作用；

（4）实验用的预成型体假设为符合实验要求的匀质材料，而且无弹性，也就是说在注射过程中不变形、不产生位移；

（5）树脂的黏度在实验过程中保持一定，假设流体为牛顿流体且不可压缩，实验在等温的条件下，在注射过程中无固化现象出现；

（6）假设流体注入预成型体的过程中，已浸润部分为完全饱和的。

LCM 工艺中渗透率的测量方法分为面内测量和面外测量，大多数情况下人们研究的都是面内测量，面内测量的方法主要有单向饱和流动法（简称单向法）和径向流动法（简称径向法）。单向法测量的特点是测量装置结构较为简单，测试操作简便，测量数据结果易于分析计算。但是单向法只能测得一个方向的渗透率，一般所得数据差别较大，为了减小测量数据的误差，常常需要做大量的实验。此外，铺设预成型体时边缘易产生空隙，从而产生流道效应影响实验结果，确保纤维预制件平整可以避免流道效应。单向法只能用来测试预成型体浸渍后的渗透率，适用于测量各向同性材料和横向正交各向异性材料，但对后者要通过大量实验测量两个主渗透方向，实验过程较为烦琐。

单向法的测试中，树脂由入口流入，经单向流动至出口流出，实验过程中，树脂的流动前沿呈线性分布，方便测量数据减小误差，确保树脂的单向流动。典型的实验装置如图 4.2 及图 4.3 所示，预成型体固定在平板模具上，使用真空袋作为上模。为了防止流体压力引起上模变形从而导致的测量误差，使用有机玻璃盖板更为合适。为了测量模腔内的压力，需要在模腔内沿流体流动方向均匀布置多个压力传感器，一般使用 5 个即可。测量渗透率之前，首先要确定流体的黏度，可以在模腔内安装热电偶，以测量流体的温度，通过流体的黏温曲线确定流体的黏度。实验时，流体从恒压源注入模腔，经过增强材料时压力梯度逐渐下降，流动前沿的速度也随之下降，通过压力传感器记录下流体流动过程中的压力变化，再记录下流体出口的速度，即可通过达西定律计算出稳态下材料的平均渗透率。

$$K = \frac{\mu Q L}{A(p_{\text{in}} - p_{\text{out}})} \qquad (4.2)$$

式中，Q——单位时间内注入树脂的体积；

　　　L——增强材料沿流动方向的长度；

　　　A——模腔的横截面积；

　　　p_{in}——树脂注入口的压力；

　　　p_{out}——树脂流出口的压力。

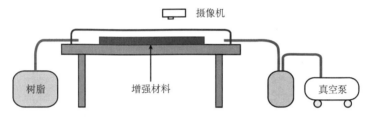

图 4.2　一维单向流动渗透率测试装置示意图

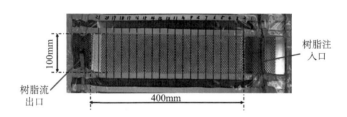

图 4.3　一维单向流动渗透率测试模具

　　实验中常用摄像机等设备记录下流体流动的全过程，经过计算机的处理，处理流程如图 4.4 所示，将拍摄的图片转化为离散化的数据，如图 4.5 所示，可以得到流动前沿每一点的坐标及速度，进而计算出流动前沿每一点的瞬时渗透率，并预测流体流动的趋势。国外学者常使用一种初级方法，即测量每一压力传感器点的速度，计算出每一点的瞬时渗透率，最后取平均值得到所求的渗透率。还有一些学者通过插值法求出流动前沿的渗透率，这是实验测试流动前沿渗透率较为合适的一种方法。还有学者使用单点法测得实验中一点的渗透率，这种方法只适用于采集数据较少或者流道较短的情况，否则会有较大的误差。

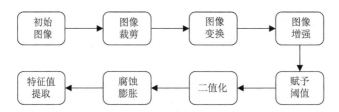

图 4.4 单向渗透率测量结果视频图像处理分析过程

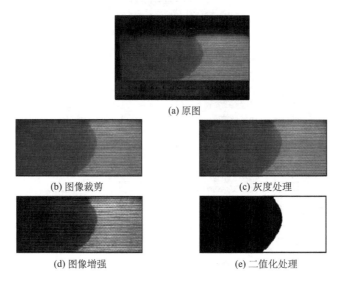

图 4.5 单向法分析结果处理

4.2.2 恒压式径向流动分析

径向法是另一种测量渗透率的常用方法，一般可分为恒压式径向测量法和恒流速径向测量法。恒压式径向测量法是指树脂注入口的压力恒定。和单向法相比，径向法可以同时测量平面内两个主方向的渗透率，此外，径向流动注入树脂的地方位于模腔中心孔，不必担心流道效应。径向流动测试装置采用方形透明模具，便于观察流动渗透情况，树脂注入口位于上模的中心处，在模板四边的中心各开一个孔作为排气孔，同时也是抽真空的接口，增强材料放在上下模之间，实验装置示意图如图 4.6 和图 4.7 所示。测量时，一般在增强材料中心开孔，以避免诸如流体压力引起增强材料局部压实，并且可以使流体同时流入各个铺层。还需要监测注入口压力、流体温度及流动前沿半径，采用压力传感器测量树脂注入口的压力，在模腔中心安装一个热电偶测量流体温度，为了确保实验结果更加精确，可以采用传感器或者视频图像处理的方法监测流动前沿的位置，经计算机处理分析得到流体的瞬时速度，然后得到两个方向的主渗透率。

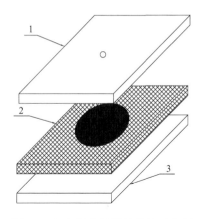

图 4.6　径向法实验模具结构示意图

1. 上模；2. 纤维预成型体；3. 下模

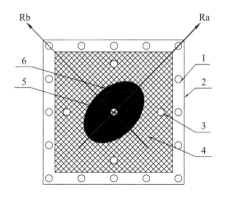

图 4.7　二维径向渗透率测试示意图

1. 螺栓；2. 模具；3. 排气孔；4. 纤维预成型体；5. 树脂注入口；6. 树脂流动前沿；Ra. 长轴；Rb. 短轴

需要注意的是，透明模具一般采用有机玻璃或玻璃制成，如果使用的树脂对有机玻璃模具产生腐蚀，则需要使用金属模具，当纤维体积含量较高和流体压力较大时，通常使用金属模具。使用的透明模具需要适当加厚，将在实际注射压力下模具的变形控制在实验允许范围内，防止因模具变形产生孔隙，从而导致实验失败。

径向法是将达西定律扩展到二维的形式：

$$\begin{bmatrix} u_x \\ u_y \end{bmatrix} = -\frac{1}{\mu} \begin{bmatrix} k_{xx} & k_{xy} \\ k_{yx} & k_{yy} \end{bmatrix} \begin{bmatrix} \dfrac{\partial p}{\partial x} \\ \dfrac{\partial p}{\partial y} \end{bmatrix} \tag{4.3}$$

式中，u_x、u_y——X、Y 方向树脂充模速率；

$\boldsymbol{K} = \begin{bmatrix} k_{xx} & k_{xy} \\ k_{yx} & k_{yy} \end{bmatrix}$——二阶渗透率张量，其中 $k_{xy} = k_{yx}$；

$\dfrac{\partial p}{\partial x}$、$\dfrac{\partial p}{\partial y}$——X、Y 方向的压力梯度。

不可压缩流体的连续方程为

$$\frac{\partial u_x}{\partial x} + \frac{\partial u_y}{\partial y} = 0 \tag{4.4}$$

将式（4.3）代入式（4.4）得

$$k_{xx} \frac{\partial^2 p}{\partial^2 x} + 2k_{xy} \frac{\partial^2 p}{\partial x \partial y} + k_{yy} \frac{\partial^2 p}{\partial^2 y} = 0 \tag{4.5}$$

材料为各向同性的情况下，$k=k_{xx}=k_{yy}$，流体流动前沿曲线为圆形，式（4.5）可变为

$$\frac{\partial^2 p}{\partial^2 x}+\frac{\partial^2 p}{\partial^2 y}=0 \tag{4.6}$$

用极坐标表示为

$$\frac{\partial^2 p}{\partial^2 r}+\frac{1}{r}\frac{\partial p}{\partial r}=0 \tag{4.7}$$

代入边界条件：注入口 $r=r_0$ 处，$p=p_{in}$；流动前沿 $r=r_f$ 处，$p=p_{out}$，解得

$$\frac{\mathrm{d}p}{\mathrm{d}r}=-\frac{\Delta p}{r\ln\left(\dfrac{r_0}{r_f}\right)} \tag{4.8}$$

式中，r_0——注入口半径；

r_f——流动前沿半径。

其中 $\Delta p=p_{in}-p_{out}$，树脂渗流速度可表示为

$$u_f=\frac{\mathrm{d}r_f}{\mathrm{d}t}\varepsilon=\frac{k\Delta p}{\mu r_f\ln\left(\dfrac{r_f}{r_0}\right)} \tag{4.9}$$

式中，ε——孔隙率。

增强材料的孔隙率可以理解为多孔介质中的孔隙占预成型体体积的分数，因此可以简单表示为

$$\varepsilon=1-\frac{V_f}{V_m} \tag{4.10}$$

式中，V_f——增强纤维的体积；

V_m——预成型体的体积。

式（4.10）不便于计算，可以进行转化，因

$$V_f=\frac{M_f}{\rho_f} \tag{4.11}$$

式中，M_f——增强纤维的质量；

ρ_f——增强纤维的密度。

将式（4.11）代入式（4.10）可得便于计算的孔隙率计算公式：

$$\varepsilon=1-\frac{M_f}{\rho_f V_m} \tag{4.12}$$

对式（4.9）积分得

$$k = \frac{\mu\varepsilon}{4t\Delta p}\left\{r_{\mathrm{f}}^2\left[2\ln\left(\frac{r_{\mathrm{f}}}{r_0}\right)-1\right]+r_0^2\right\} \tag{4.13}$$

对于正交各向异性材料而言，由于 $k_{xx} \neq k_{yy}$，流动前沿近似椭圆形，渗透率

张量为 $\boldsymbol{K} = \begin{bmatrix} k_{xx} & 0 \\ 0 & k_{yy} \end{bmatrix}$，式（4.5）可变为

$$k_{xx}\frac{\partial^2 p}{\partial^2 x} + k_{yy}\frac{\partial^2 p}{\partial^2 y} = 0 \tag{4.14}$$

正交各向异性坐标系通过坐标变换为各向同性坐标系，与前面计算过程联系

起来。变换方程如下：

$$x_e = \left(\frac{k_{yy}}{k_{xx}}\right)^{\frac{1}{4}} x \tag{4.15}$$

$$y_e = \left(\frac{k_{xx}}{k_{yy}}\right)^{\frac{1}{4}} y \tag{4.16}$$

$$\frac{\partial^2 p_e}{\partial^2 x_e} + \frac{\partial^2 p_e}{\partial^2 y_e} = 0 \tag{4.17}$$

计算过程同各向同性材料，两个主方向的渗透率为

$$k_{xx} = \frac{\mu\varepsilon}{4t\Delta p}\left\{r_{xe}^2\left[2\ln\left(\frac{r_{xe}}{r_0}\right)-1\right]+r_0^2\right\} \tag{4.18}$$

$$k_{yy} = \frac{\mu\varepsilon}{4t\Delta p}\left\{r_{ye}^2\left[2\ln\left(\frac{r_{ye}}{r_0}\right)-1\right]+r_0^2\right\} \tag{4.19}$$

式中，r_{xe}、r_{ye}——流动前沿曲线长轴和短轴在 t 时刻的位置。

4.2.3 恒流速径向流动分析

恒流速径向流动是指树脂注入的速度保持恒定。相对于恒压测量法，恒流速
测量不需要考虑流动前沿是否可视，适用于模具不透明的情况。此外恒压测量法
通常使用的注射压力较低，流速较慢，而恒流速测量法可以采用较高的流速。

对于恒流速测量而言，注入口处压力梯度满足：

$$\frac{\mathrm{d}p}{\mathrm{d}r} = -\frac{Q\mu}{2\pi r_0 hk} \tag{4.20}$$

式中，h——模腔的厚度。

恒流速边界条件为：$r=r_0$ 处，$\dfrac{\mathrm{d}p}{\mathrm{d}r}=-\dfrac{Q\mu}{2\pi r_0 hk}$ ；$r=r_\mathrm{f}$ 处，$p=p_\mathrm{out}$，则由式（4.8）可得

$$k=\frac{Q\mu}{4\pi h\Delta p}\ln\left(1+\frac{Qt}{\pi h\varepsilon r_0^2}\right)\qquad(4.21)$$

式（4.21）用于计算圆形模腔的填充时间。当采用矩形模腔时，流体接触模腔边缘后，流动前沿由圆形流动变为直线流动。恒流速注入时，流体流动前沿的位置 r_f 与时间 t 的关系为

$$t=\frac{\pi h\varepsilon(r_\mathrm{f}^2-r_0^2)}{Q}\qquad(4.22)$$

注入口的压力为

$$p_0=\frac{Q\mu(r_\mathrm{f}^2-r_0^2)}{2\pi hk}\ln\left(\frac{r_\mathrm{f}}{r_0}\right)\qquad(4.23)$$

渗透率 k 可由式（4.23）变形求得。

4.3　RTM 成型技术

4.3.1　RTM 成型基本原理

RTM 技术始于 20 世纪 50 年代，最初主要用于制造飞机次承力结构件，如舱门和检查口盖等，经过数十年的发展，目前，RTM 成型工艺已广泛应用于汽车、高铁、船舶、电气、航天航空等领域。RTM 工艺的主要原理是在模腔中铺放设计好的增强材料预成型体、芯材和预埋件，在压力或真空作用下将低黏度的树脂注入模腔，树脂在流动充模的过程中完成对增强材料预成型体的浸润，并固化成型得到复合材料构件的工艺方法。常见的 RTM 技术包括：L-RTM、VARTM、HP-RTM 等。

纤维预成型体有手工铺放、手工纤维铺层加模具热压预成型、机械手喷射短切加热压预成型、三维立体编织成型等多种成型形式，需要达到的效果就是纤维能够相对均匀地填充模腔，以利于接下来的树脂充模过程。

在合模和锁紧模具的过程中，根据不同的生产形式，有的锁模机构安装在模具上，有的采用外置的合模锁紧设备，也可以在锁紧模具的同时利用真空辅助来提供锁紧力，模具抽真空的同时可以降低树脂充模产生的内压对模具变形的影响。

在树脂注入阶段，要求树脂的黏度尽量不要发生变化，以保证树脂在模腔内的均匀流动和充分浸渍。在充模过程结束后，要求模具内各部分的树脂能够同步固化，以降低由于固化产生的热应力对产品变形的影响。这种工艺特点对于树脂的黏度和固化反应过程以及相应的固化体系都提出了比较高的要求。

RTM 工艺特点明显，主要体现在：闭模工艺，工作环境清洁，成型过程苯乙烯排放量小，有利于环保；能制造具有良好表面质量、高尺寸精度的复杂制件，可得到两面光洁的产品，在大型部件的制造方面优势更为明显；成型效率高，适合中等规模的复合材料制品的生产；模具制造和材料选择灵活性强，设备及模具投资小；低压注射，可采用玻璃钢模具、铝模具等，模具设计自由度高，成本低；原材料及能源消耗少，可用原材料范围大；增强材料可任意方向铺放，可实现按受力情况设计铺放增强材料；便于使用计算机辅助设计预成型体和模具。

但是由于 RTM 技术发展的时间较短，还存在一些问题有待解决：纤维浸渍不够理想，制品孔隙率高，存在干斑现象；制品的纤维含量低，一般为 50%；大面积、结构复杂的模具型腔内树脂流动不均衡，难以预测和控制树脂浸渍效果。

4.3.2 RTM 成型模具

1. 简介

模具是产品的镜子，决定 RTM 产品质量的首要因素就是模具。由于 RTM 模具一般采用阴阳模对合方法，因而想办法提高阴阳模的表面质量和尺寸精度就成为决定产品质量的一个关键因素。另外模具的紧固、密封、注胶口和排气口的设计是否合理也是决定 RTM 产品质量的重要因素。由于 RTM 工艺可采用多种树脂体系，树脂注射压力可在一定范围内调节，因此可以根据具体情况采用不同材料制备 RTM 模具。

RTM 工艺用模具要有一定的强度，一般要求在 50～150 kPa 的注射压力下不损坏、不变形，常用的模具有玻璃钢模具及金属模具。玻璃钢模具的成本远低于相同规格的金属模具的成本，因此实际设计及生产中，往往优先采用玻璃钢模具。但是由于增强纤维在合模时会相对于模具表面产生滑移，会缩短模具的寿命，金属模具相对于其他材料模具而言耐久性好得多。当产品规模低于每年 5000 件时，使用玻璃钢模具具有良好的经济收益，当生产规模更大时，采用金属模具是最佳的选择。

RTM 工艺对模具的一般要求如下：

（1）保证制品尺寸、形状的精度以及上下模匹配的精度。

（2）具有夹紧和顶开上下模的装置及制品脱模装置。

（3）在模压力、注射压力及开模压力下表现出足够高的强度和刚度。

（4）可加热，并且材料能经受树脂固化放热峰值的温度。

（5）具有合理的注射孔、排气孔，上下模具密封性能好。

（6）寿命要长，成本要尽量低廉。

2. 模具的结构设计

RTM 模具主要结构包括成型面、分模面、模具密封结构、注射口、排气口、导向定位结构、刚度结构、加热结构等部分。在大型结构件的制造中，为了降低成本，通常采用从母模型中翻制的办法制造模具。母模型早期为木制模型，依靠工人的经验通过手工及木工机床来制作，随着技术的发展，现在模具的制作通过大型加工中心来完成，具有很高的精度。RTM 模具的结构设计包括产品结构分型、嵌模、组合模、预埋结构、夹芯结构等模具结构形式，专用锁紧机构、脱模机构、专用密封结构，真空结构形式，模具层合结构、刚度结构形式、模具加热形式等。

模具结构设计主要遵循以下原则：

（1）尽量简化脱模部件。在制造模具时应考虑产品脱模，覆盖件两边缘要留有一定的脱模角度，各部分的连接处平滑过渡。

（2）尽量方便注射系统的布置。

（3）便于气体排出。为了有利于气体的排出，分型面尽可能与树脂流动的末端重合。

（4）模具密封和真空辅助成型。模具采用双密封结构并且利用真空泵在浸渍前对模腔抽真空，这样有利于降低模具变形、降低孔隙率、提高生产效率、减少修整工序。

（5）便于活块的安放。当分型面开启后，要有一定的空间便于活块的安放，并保证活块安放稳固，覆盖件模具的活块采用真空吸附，利于定位和稳固。

（6）降低模具制造的难易性。模具总体结构简化，尽量减少分型面的数目，采用平直分型面。

3. 注射口和排气口的设计

树脂注射口的位置对树脂的浸渍过程非常重要，注射口设计不当会造成充模时间过长、形成空隙等缺陷。注射口在模具上的位置有三种情况：

（1）中心位置。注射口选择在产品的几何形心，保证树脂在模腔中的流动距离最短，可以沿周边排出空气，提高充模时间，提高开模力。

（2）边缘位置。注射口设计在模具的一端，同时在模具上设有分配流道，树脂从边缘流道注射，排气口对称地设计在模具另一端。

（3）外围周边。树脂通过外围周边分配流道注射，排气口选择在中心或中心附近的位置。虽然外围周边注射的流道也在边缘，但它是闭合的，排气口在模具的中心处。

注射口一般位于上模最低点，放在不醒目的位置以免影响制品外观质量。对于几何形状较规则的模具注射口一般设置在其几何中心，不规则的模具其注射口一般位于模具注射状态下制件的最底端。注射口还需垂直于模具，注射时务必使树脂垂直注入型腔中，否则会使树脂碰到注射口而反射到型腔中，破坏树脂在型腔内的流动规律，又会造成型腔内聚集大量气泡，导致注射失败。

一般而言，四周注入可以比中心注入充模时间减少许多，孔隙率也会有所降低。但无论怎样选择注射口的位置，目的都是保证树脂能够流动均匀，浸透纤维。在模具上设有多个注射口可以提高注射效率，但是要保证不同注射口在流动边缘到达下一注射口时，该注射口能够及时开启，上一注射口及时关闭，避免出现断流或素流造成的流动死角。

排气口通常设计在模具的最高点和充模流动的末端，以利于空气的排出和纤维的充分浸润。借助流动模拟软件可以较好地确定理想的注射口和排气口。

4.3.3　RTM 树脂

RTM 工艺成型用到的树脂主要是热固性树脂，包括不饱和聚酯树脂、乙烯基酯树脂、环氧树脂、双马来酰亚胺树脂、酚醛树脂等。其中环氧树脂主要用于较高性能的产品，普通部件主要用不饱和聚酯树脂及乙烯基酯树脂。决定树脂体系是否合适的主要因素是黏度，一般而言，黏度必须足够低（一般应小于 1.0 Pa·s）才能满足浸渍预成型体的需求，但是也有一些黏度更大的树脂体系应用于 RTM 工艺。适当选择合适的树脂基体，再加入活性稀释剂等，可将大多数树脂的黏度调配至合适的范围内。RTM 工艺用树脂需要满足下面一些基本要求：

（1）成型温度。成型温度的选择受模具自身能够提供的加热方式、树脂固化特性及所使用的固化体系的影响。较高的成型温度能够降低树脂的黏度，促进树脂在纤维束内部的流动和浸渍，增强树脂和纤维的界面结合能力。

（2）黏度。树脂黏度范围在 0.1～1 Pa·s，一般为 0.12～0.6 Pa·s。黏度太高或太低可能导致浸渍不良，或形成大量的孔隙和未被浸渍的区域，影响制品的性能和质量。黏度太高的树脂需要较高的注射压力，否则容易导致纤维被冲刷。

（3）相容性。树脂对增强材料应具有良好的浸润性、匹配性和界面性能。

（4）反应活性。RTM 工艺用树脂的反应活性应表现为两个阶段，在充模过程中，反应速度慢，不影响充模，充模结束后，树脂在固化温度条件下开始凝胶，并迅速达到一定的固化程度，这样才能减少模具占用时间，提高生产效率。

（5）收缩率。树脂收缩率要低，树脂收缩率过大会增加孔隙率和制品出现裂纹的机会。

（6）模量。在满足力学性能的前提下，树脂模量适中。高模量的树脂产生高热应力，容易引起制品变形和产生裂纹。

（7）韧性和断裂延伸率。树脂这两个指标主要与制品抗冲击与耐裂纹性能成正比，较高值可提高树脂耐热裂纹的能力。

用于 RTM 工艺的不饱和聚酯树脂有通用型、低收缩型以及一些特殊类型。不饱和聚酯树脂黏度低，流动性强，反应活性高，可室温固化，固化产物力学性能优良，且具有良好的耐腐蚀性，价格便宜，因此应用广泛。但是不饱和聚酯树脂体积收缩率高（可达 8%），而且固化产物耐热性能差，力学性能不如环氧树脂固化产物，这就限制了不饱和聚酯树脂的应用。

环氧树脂主要用于成型高性能复合材料制品。环氧树脂是最重要的航空复合材料基体树脂，种类众多。环氧树脂的主要优点是强度、模量和断裂韧性高，与增强材料相容性强，和纤维形成的界面强度高，体积收缩率低（只有 3%左右）。环氧树脂的玻璃化转变温度（T_g）较高，具有优良的韧性和耐久性。一个环氧树脂体系是否适用于 RTM 成型工艺，不仅与环氧树脂的种类有关，也与固化剂和促进剂有很大的关系。为使树脂体系适用于 RTM 成型，固化剂体系在室温下应为低黏度液体，与环氧树脂混合后在注射温度下具有良好的储存稳定性。目前常用的固化剂为液体胺类和多官能团的液体酸酐等。

乙烯基酯树脂是用环氧树脂和不饱和酸反应制成的，由于乙烯基酯树脂独特的分子链和反应方法，其固化物的力学性能与环氧树脂体系固化物的力学性能相近且具有高度耐腐蚀性，耐酸性优于胺类环氧树脂，耐碱性胜过酸类固化环氧树脂和不饱和聚酯树脂。除此之外，其分子中存在的羟基使其与玻纤表面黏接良好。

双马来酰亚胺树脂力学性能好，在高温下黏度低，凝胶时间长，低毒低烟，高温稳定性突出，但其固化后材料的脆性大，且成型困难。为了改善其断裂韧性和工艺性能，常与其他材料如胺类、乙烯基单体或环氧树脂等共聚增加其韧性。

选择树脂基体时必须同时考虑材料性能和注射工艺性。初始黏度和耐环境性是需要考虑的两个关键工艺参数。所设计工艺温度和时间的确定，与树脂体系的初始黏度有关，同时温度与有效注射时间有着密切关系，注射时间依赖于树脂和固化剂的反应速率，这个速率和温度有关。树脂体系的选择将决定最终产品的热性能、力学性能和耐环境性，因此最终选用的树脂体系应根据生产构件的需要慎重选择。

4.3.4 RTM 成型工艺流程

RTM 是一种闭模成型技术，它的工艺过程是在设计好的模具型腔中预先放置经过合理设计、裁剪或经机械化预成型的预成型体，夹紧和密封好模具后，在一定的温度和压力下，从注入口将配好的树脂胶液注入模具型腔中，使其完全浸透预成型体，经过一定时间的加热使其固化，脱模后得到成型制品，流程图如图 4.8 所示。在生产质量要求较高的构件时，为了改善树脂对纤维的浸渍程度，排出微观气泡，提高制品性能，会让流出口流出一定量的树脂。一般脱模后的制品还需要经过修整并进行质量检验，最后得到的制品才是合格的产品。RTM 制品常见的缺陷包括产品表面局部粗糙无光泽、起皱、漏胶、起泡、制品内部出现干斑、皱褶、裂纹等，发现缺陷制品后要及时查找原因并进行补救，解决方法如表 4.1 所示。

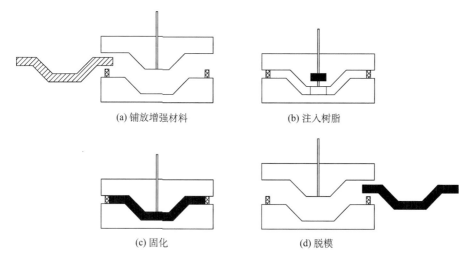

(a) 铺放增强材料　　　　　　　　(b) 注入树脂

(c) 固化　　　　　　　　(d) 脱模

图 4.8　RTM 工艺基本流程

表 4.1　RTM 制品常见问题及解决方法

缺陷	产生的原因	解决办法
产品表面局部粗糙无光泽	产品轻度粘模	及时清洗模具，给模具涂覆脱模剂
胶衣起皱	在浇注树脂之前，胶衣树脂固化不完全，浇注树脂中的苯乙烯单体溶胀胶衣树脂，产生皱纹	注射树脂之前要检查胶衣是否固化
漏胶	模具合模后密封不严密	检查模具密封
起泡	1. 模腔内树脂固化反应放热过高，固化时间过短 2. 树脂注入模腔时带入空气过多，注射时间内无法全部排出 3. 树脂黏度过大，气泡在树脂注射时间内不能全部从产品中溢出 4. 树脂注入模腔的压力过大，致使气泡包容在树脂中，难以排出	1. 适当调低灌注用树脂固化剂用量 2. 模具上设计排气口 3. 测试树脂 25℃下的黏度，通常 RTM 用树脂黏度一般应为 0.1～1 Pa·s。若树脂黏度没有超标，就应考虑环境温度是否过低，如果温度过低可在树脂灌注前适当预热 4. 降低树脂注射压力，增加树脂注射量，从而降低树脂在模腔的流速，增加渗流量
制品内部出现干斑	纤维浸渍程度不够或被污染	分析和调节黏度，改进模具
皱褶	1. 合模时，由于模具对预成型体的挤压而产生皱褶 2. 树脂在模具中流动时将预成型体冲挤变形而产生皱褶	注意合模操作是否合理，降低注射压力，改进模具

续表

缺陷	产生的原因	解决办法
裂纹	1. 制品在模腔内固化不完全，甚至经后固化处理后，制品内部仍在缓慢固化，而树脂的固化收缩率又较大，这样在制品中纤维含量低的部位，承力载体强度不够，由于固化内应力的作用，制品表面形成裂纹	根据工艺实际情况调整工艺参数，提高纤维含量和纤维分布的均匀性。同时，RTM工艺用树脂的固化收缩率要低
	2. 制品本身固化已完全，但由于运输过程中温差变化大，热胀冷缩，产生内应力较大，在制品纤维含量最低的薄弱部位产生裂纹	

为了使构件便于脱模，不破坏构件结构，得到更光滑的表面，一般需要加入内脱模剂或外脱模剂。RTM工艺中使用最多的是内脱模剂，即在液态树脂体系中按一定百分比添加。但是当树脂基体是环氧树脂时，需要使用外脱模剂，即在预制件放入模腔之前，将脱模剂按一定比例稀释并均匀喷洒在模具内表面。RTM工艺常用的脱模剂有蜡及聚乙烯醇等。

4.4　真空辅助液体成型技术

4.4.1　真空辅助液体成型基本原理

真空辅助树脂灌注成型技术（vacuum assisted resin infusion，VARI）是一些学者结合RTM工艺和真空袋法的特点开发出来的一种新型先进复合材料成型技术。它的工艺原理是在刚性模具上铺增强材料（玻璃纤维、碳纤维、夹芯材料等，有别于真空袋工艺），然后铺真空袋，并用真空泵抽出体系中的空气，在模具型腔中形成一个负压，利用真空产生的压力把不饱和树脂通过预铺的管路压入纤维层中，让树脂浸润增强材料，最后充满整个模具，在室温或加热条件下固化后，揭去真空袋材料，从模具上得到所需的制品。

VARI工艺的具体步骤如下：

（1）设计并制造单面刚性模具，模具与制品接触面要尽量光滑，模具要有一定的刚度和良好的气密性；

（2）准备前处理工艺，包括模具的清理和打蜡、树脂的调配以及增强材料和辅助材料的准备；

（3）铺设增强材料和辅助材料；

（4）使用真空袋密封，在合适的地方设置树脂注入口和抽气口；

（5）抽真空并检查气密性，保证不漏气；

（6）注入树脂，确保树脂完全浸润预制件；

（7）固化成型，固化期间仍需保持模腔内的真空压力；

（8）脱模进行后处理工作，得到合格制品。

作为一种先进复合材料成型工艺，VARI 具有许多优点：VARI 工艺只需一面刚性模具，另一面用柔性真空袋代替，模具成本低；树脂在真空压力条件下完成注射，不需要额外的注射装备；适合大尺寸、大厚度结构件的成型；可以在预成型体内部加入加强筋等结构以满足制品的需要，并且可以成型复杂型面的构件；工艺过程重复性好，可大批量生产，制品质量稳定；获得的制品纤维含量高，孔隙率低，性能好；流道设计灵活，树脂注入口和排气口位置设计多样化，可以单孔或多孔注射；作为一种闭模成型工艺，对环境污染小。

尽管 VARI 技术具有很多优点，但是在成型过程中，仍然有许多问题需要解决，如 VARI 工艺只有单面刚性模具，因此只能成型单面光滑的制品；制品表面容易出现白斑以及厚度不均匀等缺陷。此外由于没有额外的注射设备，该工艺对树脂体系要求较高，黏度要低。

与传统 RTM 工艺相比，VARI 工艺的技术有很多新的要求：要有低黏度、能常温固化、力学性能良好的树脂体系；树脂体系凝胶时间足够长，有充分的时间浸润预成型体；对于高温环境下使用的树脂，应具有较高的玻璃化转变温度（T_g）；固化后的制品要有良好的阻燃性和力学性能；良好的密封是 VARI 工艺的基础；合理的流道和真空通道设计可以保证树脂均匀浸渍预制件，减少缺陷；真空负压最好可以达到 0.08 MPa 以上，保证纤维铺层压实紧密，加快树脂流动，减少充模时间。

近年来，VARI 作为一种低成本、高性能的非热压罐先进复合材料成型技术，在航空、汽车、船舶、军事等领域受到广泛关注，作为一项关键低成本制造技术被美国列入低成本复合材料计划（Composites Affordability Initiative, CAI）。VARI 作为当前最受世人关注的低成本制造技术之一，具有广阔的发展前景。

4.4.2　树脂工艺窗口

基体树脂是复合材料成型技术的基础材料，VARI 专用树脂是影响 VARI 技术发展和应用的关键因素。VARI 工艺中树脂在模具型腔内预成型体间隙之间流动的动力是真空压力，与传统 RTM 工艺完全不同。因此 VARI 工艺对树脂体系的性能有很多特定的要求，主要集中在低黏度、长凝胶时间、高力学性能、室温固化四个方面。此外，固化成型的复合材料制品还需要具备抗腐蚀性及可加工性等特性。

VARI 工艺中树脂借助真空压力在高密度预成型体中流动，因此需要有极低的树脂黏度，一般要求初始注射黏度低于 0.3 Pa·s，同时由于成本的制约，VARI 工艺一般要求室温固化，因此 VARI 专用树脂室温黏度一般在 0.1～0.3 Pa·s 范围内。同时，由于真空导入过程树脂流动速度较慢，所需充模时间较长，一般可达几个小时，对于大型构件所需时间更久，因此，VARI 专用树脂的凝胶时间应该足够长，并且在充模过程中黏度变化小，以满足充模过程的需求。此外，VARI 技术主要应用于汽车、船舶、航空等领域，大型构件的制造多使用此方法，对复合材料构件的力学性能要求较高，因此使用 VARI 专用树脂制造出来的制品应具有良好的力学性能。

目前，国内外众多专家学者针对 VARI 成型技术开发了一系列基体树脂，主要包括聚酯树脂、乙烯基酯树脂、环氧树脂、双马来酰亚胺树脂、氰酸酯树脂等。其中，聚酯树脂和乙烯基酯树脂由于强度和耐热性较差，成本较低，主要用于船舶领域。低黏度环氧树脂、双马来酰亚胺树脂主要用于航空航天领域，但是双马来酰亚胺树脂低黏度温度区间温度较高，而 VARI 工艺成型温度低，因此双马来酰亚胺树脂并不适合 VARI 工艺。目前，国内外采用 VARI 工艺制作大型构件时，多采用环氧树脂。

确定一种树脂是否适合 VARI 工艺，可以通过制品的用途选择合适的类别，然后通过一系列实验测试该树脂体系在动态升温条件下的黏度变化，绘制黏温曲线，选择黏度为 0.1～0.3 Pa·s 的温度区间，选择几个合适的恒温点，测量这几个恒温点在等温条件下黏度随时间的变化规律，找出树脂黏度变化小的时间段，即低黏度平台时间，低黏度平台时间的长短是选择树脂的一个关键参考因素。随后建立树脂体系黏度变化规律的理论模型，这种理论模型主要包括经验模型、概率模型、凝胶模型及自由体积模型，其中经验模型对于 VARI 工艺的模拟和优化具有重要意义，关于黏度的经验理论模型有 WLF 方程、工程黏度方程及阿伦尼乌斯方程，通过这些方法建立树脂体系的等温黏度模型，预测不同温度下的树脂黏度特性，通过黏度、温度及低黏度平台时间这些因素来判断树脂体系是否适用于 VARI 工艺。

4.4.3 树脂流道设计

流道设计是 VARI 工艺的主要部分之一，包括树脂流道和真空管路设计。合理的流道设计可以避免树脂发生干涉以及制件干斑的形成，缩短树脂渗透充模时间，减少气泡等缺陷的形成。同时，为了确保充模过程顺利完成，预成型体被树脂完全浸润，需要连续不断地抽真空排出模腔内的空气，由于树脂黏度相对较低，如果真空通道设置不合理，抽真空的同时容易造成大量树脂的流失，从而导致制品大面积缺胶。

VARI 工艺树脂流道设计需要遵循一些原则：

（1）尽可能缩短树脂流动距离，缩短树脂流动时间，且各流道之间树脂流动距离尽量保持一致。

（2）保证树脂流动在树脂的工艺操作时间内完成。

（3）流道之间不能发生干涉，对于结构复杂的构件，如果没有更为合适的流道设计方法，可以在干涉区域增加快速通道，保证在干涉区域的树脂流动通畅。

（4）进出口数量及位置的不同，对应的树脂流动方式及充模时间也不相同，一般来说，进出口数量越多，充模需要的时间就越短。

（5）出口的设计要保证树脂能流到模腔的每个角落，完全浸透预成型体。

（6）合理布置流道，树脂流动通道分为主流道和分散流道，主流道指树脂导流槽，是主要的导流通道，其作用是将树脂引到分散流道，分散流道主要指导流介质，其作用是将树脂导流到预成型体表面。

选择充模方案时，首先要确定注胶口和出胶口的位置。一般而言，注胶口和出胶口的位置是对称的。注胶口的位置基本上有三种情况：设置在预成型体中心附近，这是一种比较常见的设计方案；设置在边缘位置，树脂从边缘流道注入，而抽气口对称地设置在模具的另一边上；设置在外围周边，树脂通过外围周边分配流道注射，抽气口选择设置在中心位置。

目前国内外的流道设计主要有以下几种形式：

（1）在模具表面上加工导流槽，如图 4.9 所示。采用这种设计方法，充模过程中，树脂将从下表面往上表面渗透，为了缩短充模时间，可以在模具表面加工出合适的沟槽作为树脂导流通道，但是对于复杂结构的构件，加工沟槽比较困难。

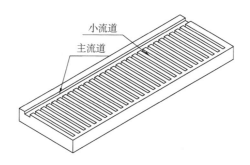

图 4.9　表面有导流槽的模具

（2）在模具表面加工出真空通路，真空通道中开有通孔以供多余的树脂流出，将高渗透介质（导流网）铺放在预成型体上下表面作为树脂的流动通道，树脂从预成型体上表面向下表面渗透，其基本形式如图 4.10 所示。

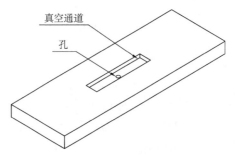

图 4.10 表面有真空通道的模具

（3）在泡沫芯材上开孔或制槽，作为树脂流动的通道，开孔或开槽的形式多种多样，可以自由设计，但不能影响制品的表面质量，其基本形式如图 4.11 所示。泡沫芯材放在模具的表面，树脂从预成型体下表面流向上表面。

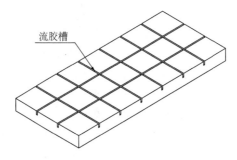

图 4.11 表面开槽的泡沫芯材

（4）模具上加工一个或多个主要的沟槽作为浸胶的通道，用高渗透性导流介质将树脂快速分散。这种设计形式相当于前面三种形式的组合，充模过程中，树脂从下向上渗透，其基本形式如图 4.12 所示。

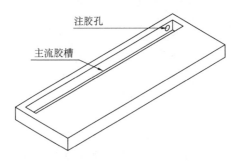

图 4.12 表面有流胶槽和注胶孔的模具

（5）使用打孔或开槽的金属板代替高渗透性介质作为树脂和真空的通道。采用这种设计形式，金属板放在预成型体上下表面，充模过程中，树脂自下向上渗透，这种方法树脂流动的主通道是模具上开的孔或槽，其基本形式如图 4.13 和图 4.14 所示。

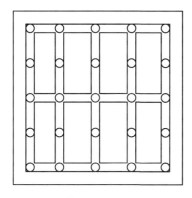

图 4.13　在模具面上带孔和槽的金属板

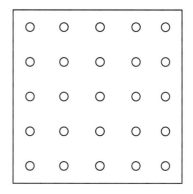

图 4.14　在预成型体上的带孔金属板

4.4.4　树脂流动模拟

由于在实际构件的流道设计过程中，往往需要采用多种树脂流道组合，只靠工艺实验很难准确掌握树脂在预成型体中的流动状态，而且还需要消耗大量的人力和原材料，这对于企业降低成本，进行大批量生产极为不利。因此，通常采用数值模拟软件模拟树脂流动行为，并对 VARI 工艺进行流道设计，常用的模拟软件有 PAM-RTM、RTM-Worx、LIMS、RTM SIM、FLOW-3D 等。

PAM-RTM 作为专业的 RTM 三维过程模拟软件，能对几乎所有的复合材料液体成型工艺进行模拟，最主要的应用有 RTM、VARTM、VARI 等技术。PAM-RTM 能够方便地模拟出树脂在预成型体中的流动状态、压力分布及充模时间等，优化模具设计和工艺参数,可以节省大量人力物力,降低设计生产周期和费用,为 VARI 工艺的流道设计、工艺中瑕疵点的排除起着重要作用（图 4.15）。

图 4.15　PAM-RTM 模拟树脂流动过程

4.5　液体成型技术的应用

复合材料液体模塑成型技术近几年来发展特别迅速，是生产高性能、低成本先进树脂基复合材料构件的有效途径。经过多年的发展，工艺类型已经十分丰富，产品的应用也越来越多，RTM、VARTM、VARI、L-RTM、HP-RTM 等技术在越来越多的领域发挥着重要作用。

4.5.1　LCM 在航空领域的应用

先进复合材料具有比强度、比刚度高，抗疲劳性及耐腐蚀性好，可设计性强等优点，因此广泛应用于航空领域。目前，国际上先进民用飞机的复合材料用量已经突破 50%，随着复合材料在飞机上的大量应用，先进复合材料成型工艺的成本占总成本的比例越来越高，而 LCM 技术因其具有低成本、高性能等优点在航空领域有着广阔的发展空间。此外，LCM 技术适合成型大中型构件，适合飞机大中型构件的整体成型，而飞机结构的整体化设计可以有效减少零件数量，缩短装配时间，降低制造成本，并且 LCM 技术可以成型较为复杂的构件。多年来，随着技术的发展，研究人员已经使用 RTM、VARI、VARTM 等技术制造了主承力构件、次承力构件、控制面板及雷达罩等构件。

LCM 技术最先应用于航空领域一些非主承力构件的制造，如 RTM 技术最初应用于制造雷达罩，较为典型的是帕那维亚（Panavia）飞机公司研制的"狂风"双座双发超音速变后掠翼战斗机上的雷达罩。相对于手糊工艺、缠绕工艺以及预浸料铺放等工艺而言，RTM 工艺制品抗冲击性能好，质量把控严格，是雷达罩成型的首选工艺。经过多年的发展，采用 RTM 工艺生产飞机雷达罩的技术已经相当成熟。随着技术的发展，人们将 RTM 技术应用于其他飞机部件的生产，如美国 F22 战斗机的整体平尾以及 F35 战斗机的整体垂尾等。飞机螺旋桨叶片由于载荷工况复杂，强度要求较高，也常采用 RTM 技术制造成型，如荷兰福克公司制造的 Fokker F50 客机的螺旋桨采用 RTM 工艺制造。RTM 技术还有其他众多应用，如空客 A380 机翼副翼的翼梁，A320 的机身隔框以及其他机身构件等。在 RTM 技术的基础上，空客公司开发了真空辅助成型（vacuum assisted process，VAP）技术，应用于 A380 的复合材料襟翼，以及 A400M 大型运输机的货舱门等。空客公司采用树脂膜熔渗（resin film infusion, RFI）工艺制造了 A380 机身后压力框，相对于热压罐工艺制品，缩短了耗时，降低了生产难度。美国洛克希德·马丁公司采用 VARI 技术制造了 F35 战斗机的座舱，相对于热压罐工艺制品而言，成本下降了 38%。波音公司采用 VARI 技术制造了 787 机翼后缘控制面组件副翼、机身后压力隔框以及外侧襟翼等构件，787 客机机身大部分隔框以及地板横梁采用 RFI

工艺制造。

　　先进液体成型技术的应用经历了从一开始的次承力构件到主承力构件的发展过程。国外液体成型技术起步较早，发展较快，在这方面的研究较深。美国于1984 年开始，并在 1989 年正式宣布启动以 NASA 为主导的，并有波音及原麦道等公司参与的先进复合材料技术（advanced composite technology，ACT）计划，采用 RTM、RFI 等低成本制造技术，致力于开发大型飞机机身、机翼主承力结构用的复合材料技术，降低成本，提高损伤容限能力，其主要成果包括 C-130 大型运输机上的中央翼盒等构件。随后，1992～2002 年启动的先进亚声速技术（advanced subsonic technology，AST）计划，进一步扩大了复合材料在主承力构件的应用范围，完成全尺寸复合材料机翼翼盒的设计和地面验证，为大型客机的进一步发展积累了经验。目前，波音 787 以及空客 A350 已经将 LCM 技术应用于机翼、机身等主承力构件的制造，极大地推动了 LCM 技术的发展。2014 年俄罗斯研制的单通道客机 MS-21（又称 MC-21）的中央翼盒、机翼翼梁、机翼蒙皮等主承力构件均采用干丝铺放树脂真空注射技术成型，该机的复合材料结构质量占全机结构质量的 40%左右，相较于同类飞机，燃油消耗降低 6%～8%（图 4.16）。该机在世界干线飞机产品中，首次采用了以非热压罐成型工艺制造的复合材料主承力结构，迈出了液体成型工艺发展史上里程碑式的一大步。目前，国外多个国家已将液体成型技术应用在 A400M、787、MS-21 等先进机型的主承力构件成型上，处于国际领先水平。

图 4.16　MS-21 客机

　　国内在复合材料液体成型技术方面的发展也取得了一定的成果，但是主要集中在次承力构件上，在主承力构件的研究和应用方面与国外先进技术尚有一定的差距。我国自主研发的 C919 大型客机先进复合材料用量达 12%，国际先进机型如 787、A350 等先进复合材料用量均达到 50%以上，在这方面我们还有很大的差距。中航复合材料有限责任公司基于 VARI 工艺开发了新型高纤维体积分数真空转移成型技术（high fiber-volume vacuum infusion, HFVI），通过树脂流动分析、模具优化设计以及工艺优化设计，实现了典型襟翼结构的整体成型。国内液体成型技术在飞机上的应用主要集中在整流罩、雷达罩、扰流板及方向舵等结构件的成型上。目前中国商用飞机有限责任公司已经利用 VARI 技术成功制造了方向舵，且机翼、机身等主承力结构件也可采用 VARI 工艺成型。

4.5.2　LCM 在汽车领域的应用

汽车领域是 LCM 工艺最早应用的领域之一。美国、欧洲、日本是现代汽车工业最发达的国家地区，它们对 LCM 工艺在汽车领域应用的研究一直处于世界领先水平。20 世纪 80 年代以来，美国 RTM 在汽车领域的应用以每年 20%～50% 的速度增长，欧洲 RTM 市场以每年大约 11% 的速度增长。早在 1970 年左右美国 GM 公司就已经将 RTM 工艺应用于汽车仪表盘的生产，并采用 RTM 工艺试制了全复合材料承力结构架，可以达到钢制承力结构架的性能，并且质量减轻 20%。在 1974 年，英国 Lotus 公司应用 VARI 技术制造了跑车 Elite 的复合材料整体车身。1992 年，美国 Chrysler 公司采用 SRIM 工艺生产了跑车 Dodge Viper 的保险杠、引擎盖、挡风玻璃框、车门边框及行李箱盖，并采用 RTM 技术制造了车身。1994 年，Ford 公司采用 RTM 工艺制造了小型商用车 Transit 的高顶，随后又用相同的技术开发了轿车 Fiesta 的扰流板。2014 年宝马集团推出了全碳纤维车身的电动汽车宝马 i3，整车质量仅 2755 磅。英国 Aston Martin 公司采用 RTM 工艺小批量生产 DB7 的挡泥板、引擎盖及行李箱盖，法国 Sotira 公司采用 RTM 工艺大批量生产汽车扰流板。目前，Ford、GM、丰田等大型车企在自己生产的汽车上大量使用 RTM 制品。

近几年来，我国汽车行业蓬勃发展。20 世纪 90 年代我国开始研究将复合材料液体成型技术应用于汽车领域，多年来也取得了一定的成果。"九五"科技攻关计划期间，北京玻璃研究院解决了一系列技术难题，成功应用 RTM 工艺成型了富康轿车后背门，随后进行了 RTM 工业化生产线的设计开发，并完成了一系列轿车零部件的生产，包括扰流板、引擎盖、保险杠、行李箱盖等一系列车用 RTM 制件，将我国 RTM 工艺水平提到一个新的高度。目前，国内使用 LCM 工艺生产汽车部件已成为常态，北京玻璃研究院生产的奥拓尾翼、扰流板采用 RTM 夹心工艺成型，中国重汽"飞龙卡车"的面罩、陕汽德御重卡的翼子板、北京吉普生产的轻型越野 BJ2020SY 的硬顶总成等均采用 RTM 工艺成型。

4.5.3　LCM 在船舶领域的应用

复合材料以其独特的高性能，在国外造船界很受重视，经过多年的开发应用，已成为一种重要的船用材料。船舶用复合材料主要是玻璃纤维增强塑料及碳纤维增强塑料。复合材料在船舶上的应用发展大概可以分为三个阶段：第一阶段，主要在小型船舶上使用，性能要求低，可整体成型；第二阶段，在大、中型船舶上得到部分使用，但使用理念仍局限于传统的船体设计，复合材料在船上只是起到减轻质量、提高部件耐腐蚀能力等辅助作用；第三阶段，船舶在设计之初充分考虑使用中所面临的多种复杂情况，使用复合材料作为主船体材料，实现其他材料无法实现或难以实现的功效。目前，船用复合材料已经突破了第二阶段，向第三阶段发展，美国在这方面的研究较深，处于世界领先地位。美国海军作战研究中心曾表示 VARTM 工艺将是未来战舰主要壳体结构的主要成型技术。美国 DD21 "Zumwalt"级隐身驱逐舰和瑞典的"Visby"隐身轻巡洋舰、"Skjold"级隐身巡逻快艇均采用了 VARTM 工艺成型的泡沫夹心结构作为舰船的壳体。Hardcore 复合材料公司采用 VARTM 工艺成型船用防护板，对其力学性能做出分析测试后发现这种防护板力学性能优异，可以承受 3000 t 船只的撞击。英国 VT 公司采用 VARTM 工艺生产救生艇的船体以及扫雷舰上层建筑用的结构制件，并开展了一系列的项目，涉及桥梁甲板、冷冻舱等。

我国早在 1999 年曾自主设计制造采用 RTM 工艺成型的竹纤维增强聚酯复合材料登陆舟，并在抗震救灾中发挥重大作用。国内宝达船舶工程有限公司生产的 60 客位国产玻璃钢高速水翼船，大量采用高性能玻璃纤维复合材料，应用 VARTM 工艺成型制造，使船体结构具有较高的强度和刚度，并降低了成本，该公司生产的海关超高速摩托艇也采用这种工艺制造成型。中复连众复合材料集团有限公司引进德国先进技术，采用 VARTM 工艺成功制造出兆瓦级风电叶片，上海红双喜造船厂也广泛使用 VARTM 技术。美国、日本在复合材料的制备和应用领域处于领先地位，纤维自动铺设、液态复合成型等技术都十分先进。我国在船舰领域轻量化的研究投入较少，虽然已经有不少的应用，但与国外海军强国还有差距。

4.5.4　LCM 在其他领域的应用

LCM 技术近年来得到迅速发展，在发达国家已经相当成熟，众多学者对原材料、机械设备、模具结构等诸方面因素都已经做了深入的研究。近年来欧美等国使用 LCM 工艺制造的部件保持着接近 3.5% 的增长速度扩张，这类产品在航空、汽车、船舶以外的其他领域也应用甚广。

20 世纪 80 年代初，美国的保龄球娱乐中心已经开始使用由 RTM 工艺生产的座椅，之后各国相继使用 LCM 技术开发了汽车外壳、净化槽、游船壳体、引擎盖、汽车保险杠等产品。LCM 技术在工艺发达国家如英、美、德、法、瑞典等国应用相当普遍。在建筑行业，LCM 工艺主要应用于各种杠和柱，商业建筑的门和边框、现场增强柱、门面装饰、指示牌等；在电子和电器行业，LCM 工艺主要应用于一些通信设备外壳、计算机工作站外壳以及其他电子电器外壳等；在体育用品领域，LCM 工艺主要应用于自行车架、高尔夫球杆、滑雪板、划艇、冲浪板、球拍及公共场所设施等；LCM 工艺的其他应用还有冷却塔风扇叶片、压缩机盖耐腐蚀设备、安全头盔、浴盆、桌椅等。

思　考　题

1. 常见的复合材料液体成型技术有哪些？

2. 请简要说明复合材料液体成型技术的优点及缺点？

3. 面内渗透率测定方法有哪些？基本操作是什么？依据的基本理论是什么？

4. RTM 成型的基本原理是什么？常用的树脂是什么？

5. RTM 工艺的优缺点是什么？

6. RTM 工艺与 VARI 工艺有什么区别？

7. 请简要说明我国 LCM 技术的发展趋势。

第5章 复合材料模压成型技术

5.1 概 述

5.1.1 模压成型定义

复合材料模压成型技术是指将一定数量的模压料放入金属模具中，在适当的温度及压力下固化成型的工艺方法。模压料种类可以是短切纤维、丝状纤维、片状纤维等。模压成型一般要满足几个基本条件：

（1）模压料是在模具开启状态下加入；

（2）成型过程中，模压料需要在高温下固化；

（3）一般需要较高的成型压力来成型，压力一般由液压机提供；

（4）制品尺寸和形状主要由闭合状态下的模具内腔保证，一般使用耐高温的金属模具。

5.1.2 模压成型工艺的特点

与其他成型工艺相比较，它的特点如下：

（1）生产效率高，成本低，适用于机械化大批量生产；

（2）模具无须特殊加工（无须专门设计注入口、流道、溢胶口）；

（3）制品尺寸精确，表面光洁；

（4）模压材料浪费少；

（5）多数结构复杂的制品可一次成型，无须二次加工；

（6）制品的外观尺寸重复性好。

但模压成型也有以下缺点：

（1）压机和模具设计与制造较复杂，只能生产单一产品；

（2）初次投资高；

（3）一般只适于中小型制品。

5.1.3 模压成型工艺

模压料在模具开启状态下填入模具中，模具闭合后树脂基体及纤维增强体在高压下会流动。在高温下复合材料会经历两个阶段：

（1）黏流阶段。当模压料在模具内被加热到一定温度时，树脂受热熔化成为黏流状态，在压力作用下黏着纤维一道流动，直至充满模腔。

（2）硬固阶段。继续提高温度，树脂发生交联，分子量增大，流动性很快降低，表现出一定的弹性，最后失去流动性，树脂成为不溶不熔的体型结构。

典型的模压工艺一般分快速成型和慢速成型两种，选择何种工艺主要取决于模压料的类型。

1. 快速模压成型工艺

1）温度制度

快速模压成型其装模温度、恒温温度、脱模温度都是在同一温度下进行的，其成型过程不存在升温和降温问题。

2）压力制度

快速模压成型从上模与模压料接触开始到解除压力，其压力施加没有明确的界限，即不存在明确的加压时机。其加压速度的确定需要根据实际情况来判断。虽然快速模压不存在加压时机，但由于装模和加压时温度接近成型温度，在短时间内会放出大量的挥发性气体，很容易使制品出现气泡、分层等缺陷。所以在快速压制时，需采用放气措施。加压初期，压力上升到一定值后，要卸压抬模放气，再加压充模，反复几次。快速成型工艺流程如表 5.1 所示。

表 5.1　快速成型工艺流程

模压料	预热		模压		
	温度/℃	时间/min	成型温度/℃	成型压力/MPa	保温时间/（min/mm）
玻璃纤维-改性酚醛料（X-501）			155±5	44±5	11.5
玻璃纤维-改性酚醛料（FX-502）	90±5	2～5	150±5	34±5	11.5
玻璃纤维-镁酚醛料			145±5	9.8～14.7	0.3～1.0
片状模塑料（SMC）			135～150	29～39	1

2. 慢速模压成型工艺

1）温度制度

在慢速模压成型过程中，其成型温度制度分为五部分：装模温度、升温速率、最高模压温度、保温时间、降温冷却。

（1）装模温度。装模温度指物料放入模腔时模具的温度，此时物料的温度逐渐由室温升高到装模温度，同时所加压力为全压的 1/3～1/2，使物料预热预压，并且需要在这个温度下保温一段时间。时间长短主要由模压料的品种和质量指标决定。一般这个温度选择在溶剂的挥发温度区间内，既有利于低分子物挥发，又易于物料流动，还不致使树脂发生明显的化学变化，一般情况下在室温至 90℃ 范围内。

（2）升温速率。升温速率指由装模温度到最高温度的升温速率，在慢速成型工艺中，必须选择适宜的升温速率，特别是针对较厚的制品。由于模压料本身导热性差，升温过快，易造成内外固化不均而产生内应力，形成废品；速度过慢又降低生产效率。升温的同时，注意观察模具边缘流出的树脂是否能够拉丝，如果能够拉丝，表明此时的温度达到了树脂的凝胶温度，并可能伴随有大量的低分子物放出，即热压开始，加全压。一般采用的升温速率为 10~30℃/h，对氨酚醛制品可采用 1~2℃/min 的升温速率。

（3）最高模压温度。模压温度由树脂放热曲线来确定，要根据具体的树脂，通过 DSC 实验作出它的放热曲线，然后根据放热曲线和实际情况来决定。

（4）保温时间。保温时间指在成型压力和模压温度下的保温时间，热压保温过程始终保持全压。其作用主要为：使制品固化完全，消除内应力。

最高模压温度下的保温时间主要由两个因素决定：不稳定导热时间（热模具壁到模腔中部的传热，使内外温度一致所需的时间）；模压料固化反应的时间。不同种类的物料保温时间不同，不同厚度的制品保温时间不同。

（5）降温冷却。在慢速模压成型中，保温固化结束后要在保持全压的条件下逐渐降温，直至模具温度降至 60℃ 以下时，方可进行脱模操作，取出制件。其作用是确保在降温过程中制件不发生翘曲变形。一般采用自然冷却和强制冷却两种冷却方式。

制品后处理是指制件脱模后在较高温度下进一步加热固化一段时间。其作用主要有：提高制品固化反应程度，增加交联密度；提高制品尺寸稳定性；去除残留挥发物，且消除残余应力，减少制品变形。制品后处理过程中温度和处理时间都要适当，温度不能过高，时间不能过长，后处理本身是热老化过程，过高、过长反而使制品性能下降。

2）压力制度

在慢速模压成型过程中，其成型压力制度包括：成型压力、合模速度、加压时机等。

（1）成型压力。成型压力是指制品水平投影面积上所承受的压力。其作用有：克服物料中挥发物产生的蒸气压；克服模压料的内摩擦、物料与模腔间的外摩擦，使物料充满模腔；增加物料的流动性，使物料充满模腔，压紧制件；使制件结构密实，机械强度高；保证精确的形状和尺寸。

确定成型压力时应注意：薄壁制品较厚壁制品需要的成型压力大；制品壁越

厚，需要的成型压力越大；圆柱形制品较圆锥形制品需要的成型压力大；模压料流动方向与模具移动方向相反时比相同时成型压力大。一般情况下成型压力高，有利于制品质量提高，但压力过高会引起纤维损伤，使制品强度降低，而且对压机寿命和能耗不利。

（2）合模速度。上模下行要快，但在与模压料接触时，需放慢速度。下行快，有利于操作和提高效率；合模要慢，有利于模具内气体的充分排出，减少制件缺陷的产生。

（3）加压时机。合模后，在一定时间、温度条件下进行适宜的加压操作。加压时机是保证制品质量的关键之一。加压过早，树脂反应程度低，分子量小，黏度低，极易发生流失或形成树脂聚集或局部纤维外漏。加压过迟，树脂反应程度过高，分子量过大，黏度过高，不利于充模，易形成废品。根据实践，加压时机最佳应在树脂剧烈反应放出大量气体之前。判断的方法有三种：①在树脂拉丝时开始；②根据温度指示，当接近树脂凝胶温度时进行加压；③按树脂固化反应时气体释放量确定加压时机。

慢速模压成型工艺流程如表 5.2 所示。

表 5.2　慢速模压成型工艺流程

模压料工艺参数	616 酚醛预混料	环氧酚醛模压料	F-46 环氧+NA 层模压料
装模温度/℃	80～90	60～80	65～75
加压时机	合模后 30～90 min，（105±2）℃下一次加压	在合模后 20～120 min，90～105℃下一次加压	合模后立即加压
升温速率/（℃/h）	10～30	10～30	150℃前为 36～42 150℃后为 25～36
成型温度/℃	175±5	175±5	230
保温时间/（min/mm）	2～5	3～5	150℃保温 1 h，230℃按 15～30 min 保温
降温方式	强制降温	强制降温	强制降温
脱模温度/℃	<60	<60	<90
脱模剂	硬脂酸	硅脂	硅脂 10%甲苯液

5.1.4　典型模压工艺

1. 片状模塑料模压法

片状模塑料（sheet molding compound，SMC）是一种干法制造不饱和聚酯玻璃钢制品的模塑料，使用时除去薄膜并按尺寸裁剪，然后进行模压成型。将 SMC

片材（不饱和聚酯树脂、增稠剂、引发剂、交联剂等混合物浸渍短切玻璃纤维毡，两表面用聚乙烯薄膜覆盖），经裁剪、铺层后进行模压。SMC 成型技术适合于大型制品的加工（如汽车外壳、浴缸等），此工艺方法先进且发展迅速。

2. 块状模塑料模压法

块状模塑料（bulk molding compound，BMC）是在预混料或聚酯料团的基础上发展起来的聚酯模塑料。预混料成型工艺优越，成本低，性能易调节，但其制品强度差，表面有严重的收缩波纹，且处于半湿态的预混料操作不便。由于加入了化学增稠剂和低收缩添加剂，以及使用更高含量的玻璃纤维，更长的纤维长度，BMC 制品与预混料制品相比，具有无波纹与缩孔的平滑表面、不易产生翘曲等更佳的物理性能。

3. 层压模压法

层压模压法是介于层压和模压之间的一种工艺方法，层压成型是采用增强材料，如玻璃纤维布、碳纤维布、棉布、纸等经浸胶机浸渍树脂（热塑性树脂、热固性树脂）经烘干制成预浸料成型材料，然后预浸料经裁切、叠合在一起，在压力机中施加一定的压力、温度，保持适宜的时间层压而制成层压制品的成型工艺，它适用于大型薄壁制品和形状简单而有特殊要求的制品。

4. 短纤维模压法

短纤维模压法是指以热固性的酚醛树脂、环氧树脂等为基体，以短切纤维（玻璃纤维、高硅氧纤维、碳纤维等）为增强材料，经混合、撕松、烘干等工序制备的纤维模压料，之后放在模具中成型的一种方法。它主要用于制备高强度异形制品或要求耐腐蚀、耐热等特殊性能的玻璃钢制品。短纤维模压成型一般采用酚醛树脂、环氧树脂或改性环氧树脂等作为基体树脂，若采用玻璃纤维作为增强材料，其长度较长，可达 30~50 mm。

5.2　SMC 成型技术

5.2.1　SMC 成型的特点与种类

SMC 是一种干法制造不饱和聚酯玻璃钢制品的模塑料，如图 5.1 所示。用基体树脂（不饱和聚酯树脂、乙烯基酯树脂等）、增稠剂（MgO、CaO 等）、引发剂、交联剂、填料等混合成树脂糊，浸渍短切玻璃纤维或玻璃纤维毡，并且在两面用聚乙烯（PE）或聚丙烯（PP）薄膜包覆起来形成的片状模压成型材料。在 20 世纪 60 年代开始应用并快速发展,已成为玻璃钢模压成型工艺中最重要与最主要的模压料,广泛应用于车辆、电子、航空航天等领域。

图 5.1　片状模塑料

SMC 综合了预混料的优良成型性和吸附预成型制品的良好强度,其主要工艺特点如下:

(1)操作方便,易实现自动化,生产效率高,改善了湿法成型的作业环境和劳动条件;

(2)通过改变组分的种类与配比,可改变成型工艺和制品性能;通过改变填料的种类与加入量,可降低成本或使制品轻量化;

(3)成型流动性好,可成型结构复杂的制件和大型制件;

(4)制品尺寸稳定性好,表面平滑,光泽好,纤维浮出少,从而简化了后处理工序;

(5)增强材料在生产与成型过程中均无损伤,长度均匀,制品强度高,可进行轻型化结构设计。

5.2.2　SMC 的组分与性能

SMC 是用任意取向的短切玻璃纤维(或毡)增强的,并已充分混合的多组分的不饱和聚酯树脂。其组成主要包括不饱和聚酯树脂、引发剂、填料、低收缩添加剂、化学增稠剂、内脱模剂、着色剂及增强材料等。增强材料一般都是玻璃纤维粗纱,在 SMC 树脂体系中还特别加了低收缩添加剂,可使制品获得相当平滑的表面。SMC 的组成总体上比较复杂,每种组分的种类、质量、性能及其配比,对 SMC 的生产、成型工艺及最终制品的性能、价格都有很大的影响。因此,合理地进行组分、用量、配比的选择,对于制造优良的 SMC 及制品有着十分重要的意义。

1)不饱和聚酯树脂

不饱和聚酯树脂是 SMC 中树脂糊最基本的组成部分,如图 5.2 所示,它通常是由不饱和二元酸（或酸酐）、饱和二元羧酸（或酐）在缩聚结束后加入一定量的乙烯基单体（如苯乙烯）配成的黏稠状液态树脂。通过改变其原料的种类与配比，可以合成具有各种不同性能的不饱和聚酯树脂，以适应不同的使用要求。

图 5.2　不饱和聚酯树脂

SMC 所用不饱和聚酯树脂一般有如下要求：

（1）黏度要有利于玻纤的浸渍；

（2）增稠快，以满足增稠的要求；

（3）能快速固化，以提高生产效率；

（4）热性能好，保证制品的热强度；

（5）耐水性好，以提高制品的防潮性。

2）引发剂

引发剂可以促进活化树脂交联单体（如苯乙烯）中的双键发生共聚反应，使 SMC 在模腔内固化成型。常用的引发剂种类及其用量：过氧化苯甲酰（BPO）2%，过氧化二异丙苯（DCP）1%。对引发剂的基本要求主要如下：

（1）储存稳定性好，使用安全可靠；

（2）常温下不会分解，使用时间长；

（3）当达到某一温度时可以快速分解；

（4）使用成本低，目前常用于 SMC 的引发剂以过氧化物为主，也有采用氮化合物和取代苄基化合物等。

3）阻聚剂

阻聚剂的作用是防止不饱和聚酯树脂过早聚合，延长储存期。常用的阻聚剂有苯类和多价苯酚类化合物对苯二酚、邻苯酚、2,6-二叔丁基-4-甲基苯酚等。阻聚剂应在临界温度内起作用，不能影响树脂的交联固化和成型周期。

4）增稠剂

在 SMC 生产中增稠剂是必需的，通过增稠作用使 SMC 利于树脂从低黏度转化为不黏手的高黏度。在浸渍阶段，树脂增稠要足够缓慢，保证玻纤的良好浸渍后树脂增稠要足够快，使 SMC 尽快进入模压阶段和尽量减少存货量。当 SMC 黏度达到可成型的模压黏度后，增稠过程应立即停止，以获得尽可能长的储存寿命。化学增稠体系常用的包括以下几种：

（1）Ca、Mg 的氧化物和氢氧化物系统；

（2）MgO 和环状酸酐的组合系统。以第一类的应用最为普遍，也最重要，它们的主要类型有 $CaO/Ca(OH)_2$、CaO/MgO、MgO、$Mg(OH)_2$ 等。

5）低收缩添加剂

控制收缩率是 SMC 发展过程中的重要内容，目前通用的低收缩添加剂是热塑性聚合物。SMC 常用的热塑性添加剂有如下几种：PE 粉、PS 及其共聚物、PVC 及其共聚物、乙酸纤维素和丁酸纤维素、热塑性聚酯、聚己内酯等。

6）内脱模剂

内脱模剂的作用是使制品顺利脱模。它是一些熔点比普通模压温度稍低的物质，与液态树脂相溶，固化后与树脂不相溶。热压成型时，脱模剂从内部溢出到模压料和模具界面处形成障碍，阻止黏着，从而达到脱模目的。SMC 常用脱模剂如表 5.3 所示。

表 5.3　SMC 常用脱模剂

名称	熔点/℃	密度/（g/mL）
硬脂酸（Hst）	70	1.21
硬脂酸铅（Pbst）	104～109	1.37
硬脂酸铝（Alst）	110～120	1.06
硬脂酸锌（Znst）	122～132	1.095
硬脂酸镁（Mgst）	130～132	1.07
硬脂酸钙（Cast）	150～155	1.08
硬脂酸钡（Bast）	160	1.145

7）增强材料

增强材料玻璃纤维是 SMC 的基本组成之一，如图 5.3 所示，它的各种特性对 SMC 的生产工艺、成型工艺及其制品的各项性能都有明显影响。对玻璃纤维的要求：易切易分散、浸渍性好、抗静电、流动性好、强度高。常用类型有短切原纱毡和无捻粗纱两种。短切原纱毡是由原丝直接短切并均匀无序排布而成的一种毡，玻纤长度一般为 25 mm 和 50 mm。无捻粗纱是用多股原纱平行卷绕制成的圆筒状纱团，它是 SMC 主要使用的增强材料，一般来说，硬质粗纱的成型流动性好，软质粗纱成型流动阻力大，易开纤，但不易产生纤维显露。

图 5.3　玻璃纤维纱团

8）树脂糊

树脂糊是 SMC 的基本组分之一，在复合材料中作为连续相的材料。树脂糊材料起到黏结作用，以及均衡载荷、分散载荷、保护纤维的作用。常用类型 SMC 的树脂糊配方如表 5.4 所示。

表 5.4　三种常用类型 SMC 的树脂糊配方

组分	配方 1	配方 2	配方 3
不饱和聚酯树脂（196 或 198）/kg	18	18	18
聚乙烯（PE）/kg	2.7	2.7	5.4
过氧化二异丙苯（DCP）/g	180	200	200
碳酸钙（双飞粉）/kg	21.6	21.6	21.6
聚乙酸乙烯酯（PVAc）/kg	3.6	3.6	—
聚苯乙烯（PS）/kg	—	—	3.6
氧化镁/g	540	—	540
硬脂酸锌/g	360	360	360
氧化钙/氢氧化钙（1.61.0）/g	—	460	—
色浆/g	360～540	适量	适量

5.2.3　SMC 的成型流程

SMC 的成型工艺流程如图 5.4 所示。

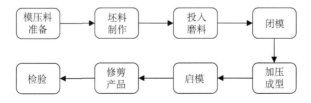

图 5.4　SMC 的成型工艺流程图

1）压制前准备

（1）SMC 片材的质量对成型工艺过程及制品质量有很大的影响，因此，压制前必须了解料的质量，如树脂糊配方、树脂糊的增稠曲线、玻纤含量、玻纤浸润剂类型、单重、薄膜剥离性、硬度及质量均匀性等。

（2）按制品的结构形状决定片材裁剪的形状与尺寸，制作样板，再按样板裁料。裁剪的形状多为方形或圆形，尺寸多为制品表面投影面积的 40%～80%，为防止外界杂质的污染，上下薄膜在装料前才揭去。

（3）熟悉压机的各项操作参数，尤其要调整好工作压力和压机运行速度及台面平行度等。模具安装一定要水平，并确保安装位置在压机台面的中心，压制前要先彻底清理模具，并涂脱模剂。

2）加料

（1）加料量的确定。每个制品的加料量在首次压制时可按加料量等于制品体积的 1.8 倍进行计算。

（2）加料面积的确定。加料面积的大小直接影响到制品的密实程度、料的流动距离和制品表面质量。它与 SMC 的流动与固化特性、制品性能要求、模具结构等有关。

（3）加料位置与方式。加料位置与方式直接影响到制品的外观、强度。通常情况下，加料位置应在模腔中部。对于非对称复杂制品，加料位置必须确保成型时料流同时到达模具成型内腔各端部。加料方式必须有利于排气。多层片材叠合时，最好将料块按上小下大呈宝塔形叠置。另外，料块尽量不要分开加，否则会产生空气熔接区，导致制品强度下降。

3）成型

当料块进入模腔后，压机快速下行，当上、下模吻合时，缓慢施加所需成型的压力，经过一定的固化制度后，制品成型结束。成型过程中，要合理地选定各种成型工艺参数及压机操作条件。

（1）成型温度。成型温度的高低取决于树脂糊的固化体系、制品厚度、生产效率和制品结构的复杂程度。成型温度必须保证固化体系引发、交联反应的顺利进行，并实现完全的固化。

（2）成型压力。SMC 成型压力随制品结构、形状、尺寸而异。形状简单的制品仅需 25～30 MPa 的成型压力；形状复杂的制品，成型压力可达 140～210 MPa。SMC 增稠程度越高，所需成型压力也越大。成型压力的大小与模具结构也有关系，垂直分型结构模具所需的成型压力低于水平分型结构模具。配合间隙较小的模具比间隙较大的模具需较大压力，外观性能和平滑度要求高的制品，在成型时需较大的成型压力。总之，成型压力的确定应考虑多方面因素。一般来说，SMC 成型压力在 3～7 MPa。

（3）固化时间。SMC 在成型温度下的固化时间（也叫保温时间）与它的性质及固化体系、成型温度、制品厚度和颜色等因素有关。

4）压机操作

由于 SMC 成型是一种快速固化成型工艺，因此压机的快速闭合十分重要。如果加料后压机闭合过缓，易在制品表面出现预固化补斑，或产生缺料、尺寸过大等缺陷。在实现快速闭合的同时，在压机行程终点应细心调节模具闭合速度，减缓闭合过程，利于排气。

5.3　BMC 成型技术

5.3.1　BMC 成型的特点与种类

BMC 是在预混料或称聚酯料团的基础上发展起来的聚酯模塑料。如图 5.5 所示，BMC 是将基体树脂（不饱和聚酯树脂）、低收缩剂、固化剂、填料、内脱模剂、玻璃纤维等经充分混合而成的团状或块状预混料。与 SMC 的区别主要体现在原料的形态和制作工艺上。特点如下：

（1）成型周期短，可模压，也可注射，适合大批量生产；

（2）加入大量填料，可满足阻燃、尺寸稳定性要求，成本低；

（3）复杂制品可整体成型，嵌件、孔、台、筋、凹槽等均可同时成型；

（4）对工人技能要求不高，易实现自动化，节省劳动力。

图 5.5　块状模塑料

5.3.2　BMC 的组分与性能

BMC 的组分主要包括不饱和聚酯树脂、引发剂、填料、低收缩添加剂、化学增稠剂、内脱模剂、着色剂及增强材料等，与 SMC 成分相似。相对于 SMC 来说，

BMC 因含玻璃纤维少而填料多，一般不用增稠剂，BMC 主要由三种组分（树脂、玻璃纤维和填料）组成，是一类粒子分散型复合材料和纤维增强复合材料结合起来的多相复合体系。因此这使影响 BMC 性能的因素更加多样化、复杂化。通过调节预混料中树脂、玻璃纤维、填料及各种添加剂的种类、用量及结合方式，可配制出具有不同性能和功用的多种多样的 BMC 模料。典型 BMC 的配方如表 5.5 所示。

表 5.5　典型 BMC 配方表

物料名称	品种或规格	300 L 投料机投入量/kg
不饱和聚酯树脂 UP	65%UP 邻苯	23.9
低收缩添加剂 LSA	40%PS	15.9
矿物填料碳酸钙 $CaCO_3$	500 目	79.6
脱模剂 Znst	200 目	1.39
增稠剂 $Ca(OH)_2$	试剂级	0.5
引发剂 TBPB	99%纯度	0.4
颜料炭黑 CB	炉黑	1.31
玻璃纤维	6mm	27

5.3.3　BMC 的成型流程

BMC 压制成型是将一定量的准备好的 BMC 放进已经预热的钢制压模中，然后以一定的速度闭合模具，BMC 在压力下流动，并充满整个模腔，在所需要的温度、压力下保持一定的时间，待其完成了物理和化学作用过程而固化、定型并达到最佳性能时开启模具，取出制品。BMC 成型基本流程图如图 5.6 所示。

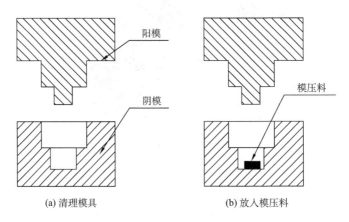

(a) 清理模具　　　　　　　　　　(b) 放入模压料

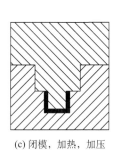

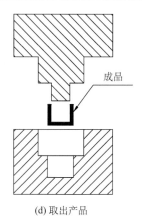

(c) 闭模，加热，加压　　　　　(d) 取出产品

图 5.6　BMC 成型基本流程图

1）压制成型前的准备工作

作为湿式预混料的 BMC 含有挥发性的活性单体，在使用前不要将其包装物过早拆除，否则，这些活性单体会从 BMC 中挥发出来，使物料的流动性下降，甚至造成性能下降以致报废。当然，对于已拆包而未用完的 BMC，则一定要重新将其密封包装好，以便下次压制之用。

一般来说，在投料量的计算和称量之前，首先是要知道所压制制品的体积和密度，再加上毛刺、飞边等的损耗，然后进行投料量的计算。装料量的准确计算，对于保证制品几何尺寸的精确，防止出现缺料或由于物料过量而造成废品及材料的浪费等，都有直接的关系，特别是对于 BMC 这种成型后不可回收的热固性复合材料来说，对于节省材料、降低成本，更具有重要的实际意义。实际上，由于模压制品的形状和结构比较复杂，其体积的计算既繁复又不一定精确，因此装料量往往都是采用估算的方法。对于自动操作的机台，其加料量可控制在总用料量的±1.5%以内。

2）模具的预热

BMC 是热固性增强塑料的一种。对于热固性塑料来说，在进行成型之前首先应将模具预热至所需要的温度，此实际温度与所压制的 BMC 的种类、配方、制品的形状及壁厚、所用成型设备和操作环境等都有关系。应注意的是，在模温未达设定值并混合均匀前，不要向模腔中投料。

3）嵌件的安放

为了提高模压制品连接部位的强度，使其能构成导电通路，往往需要在制品中安放嵌件。当需要设置嵌件时，在装料、压制前应先将所用的嵌件在模腔中安放好。嵌件应符合设计要求，如果是金属嵌件，在使用前还需要进行清洗。对于较大的金属嵌件，在安放之前还需要对其进行加温预热，以防止由于物料与金属之间的收缩差异太大而造成破裂等缺陷。

4）脱模剂的涂刷

对于 BMC 的压制成型来说，由于在其配制时已在组分中加有足够的内脱模剂，再加上开模后制件会冷却收缩而较易取出，因此一般不需再涂刷外脱模剂。然而，由于 BMC 具有很好的流动性，模压时有可能渗入构成型腔的成型零件连接面的间隙里，而使脱模困难，故对新制造或长期使用的模具，在合模前给模腔涂刷一些外脱模剂也是有好处的。所用的外脱模剂一般是石蜡或硬脂酸锌。

5）装模

装模不但会影响物料压制时在模腔中的流动，也会影响到制品的质量，特别是对于形状和结构都比较复杂的制品的成型。因此，如何将 BMC 合理地投放到压模中，是一个十分重要的问题。一般来说，装模操作时还应考虑以下几个问题：

（1）所投放的 BMC 的温度一般应在 15℃以上。

（2）应根据压制时能获得最短的流动路径来选择投放物料的位置，最好是保证物料能同时到达模腔的各个角落。对于有可能出现物料滞留或死角的地方，可预先在该处投放物料。

（3）应尽可能使投放的物料均匀分布。

（4）由于 BMC 在 150℃时所需的固化时间还不到 1 min/mm，因此投料应迅速。如果使用手工称量物料，由于速度较慢而不利于生产效率的提高，因此，在压制较小的制品时，最好是采用有共用加料室的模具。

（5）对于形状比较复杂的制品，可先将物料预压成与制品相似的坯块，这样可以避免压制出的制品在凸出的部位上出现缺料或产生熔接线等问题。

6）压制

（1）闭模、加压加热和固化。当完成向模腔内投料以后，则进行闭模压制。由于 BMC 的固化速度非常快，而且为了缩短成型周期，防止物料出现过早固化（局部的过早固化会影响压制物料的流动），在阳模未触及物料前，应尽量加快闭模速度。而当模具闭合到与物料接触时，为避免出现高压对物料和嵌件等的冲击，并能更充分地排出模腔中的空气，此时应放慢闭模速度。

（2）开模及脱模。当制品完全固化后，为缩短成型周期，应马上开模并脱出制品。如果制品的形状比较简单，而且模具的脱模斜度、模腔的表面光亮度等都比较合适，则制品的脱模不会有什么困难。对于形状比较复杂的制品，脱模的难度有可能提高。

7）制品的后处理及模具的清理

（1）制品的后处理。BMC 的成型收缩率很小，制品因收缩而产生翘曲的情况并不严重。对于有些制品如出现上述现象，可采取将其置于烘箱中进行缓慢冷却的方法来消除。

（2）制品的修整。由于 BMC 模压制品往往都会产生一些飞边与其连在一起，需要将其除去。飞边的最大厚度应该限制在 0.1 mm 的范围内。如果飞边的厚度太大，不但除去困难，而且物料浪费也太大，成本也会大大提高。如果时间允许的话，操作者可以在闭模固化的间隔时间里用锉刀片、修饰砂带、压入棒等工具将制品上的飞边和孔洞等进行清理。小的制品通常都用滚轮磨边机来清除飞边。

（3）模具的清理。制品脱出后，应认真地清理模具。首先应把残留在模具中的 BMC 碎屑、飞边等杂物全部清理干净，特别是应将渗入模腔结合面各处间隙中的物料彻底清除，否则不但会影响制品的表面质量，而且还有可能会影响模具的开合和排气。

5.3.4　BMC 模压成型常见问题及解决办法

BMC 模压成型常见问题及解决办法如表 5.6 所示。

表 5.6　BMC 模压成型常见问题及解决办法

常见问题	原因	解决办法
制品表面起泡和内部鼓起	1. 压缩粉中的水分及挥发物含量太高	1. 将压塑粉进行预干燥及预热处理
	2. 模具温度过低或过高	2. 调节好温度
	3. 成型压力过低	3. 增加成型压力，一般地，厚度每增加 1 mm，模压压力相应要增加 2 MPa
	4. 保持温度时间过长或过短	4. 延长固化时间
	5. 模具内有其他气体	5. 闭模时缓慢和改善排气条件
	6. 材料压缩率太大、含空气量多	6. 应预压坯料，改变加料方式
	7. 加压不均匀	7. 改进加压装置
制品表面灰暗	1. 模具温度太低	1. 适当提高模具温度
	2. 模具型腔表面粗糙	2. 应提高型腔表面光洁度
	3. 脱模剂使用不当	3. 应选用适宜的脱模剂
	4. 润滑剂用量太多	4. 适当减少润滑剂用量
产品表面斑点	1. 模塑料中混有杂质	1. 彻底清除杂质
	2. 模塑料水分及易挥发物含量高	2. 进行预干燥及预热处理
	3. 原料粒径悬殊，大颗粒树脂塑化不良，黏附在塑件表面上	3. 应选用粒径均匀的树脂
	4. 模具型腔表面粗糙	4. 应抛光处理，提高表面光洁度
	5. 模具型腔内不清洁	5. 应清理型腔
产品表面糊斑	1. 模具温度太高	1. 应适当降低模具温度
	2. 模塑料预热处理不当	2. 防止预热不足或过预热，预热温度和时间应以获得最佳流动性为准
	3. 合模速度太慢	3. 应适当加快合模速度

续表

常见问题	原因	解决办法
产品表面橘皮纹	1. 合模不当	1. 应在低压条件下缓慢合模。一般装料完成后即可合模，当凸模未触及模塑粉时，应快速闭合，触及模塑粉后应慢速闭合
	2. 模具温度太高	2. 应适当降低模具温度
	3. 模塑料预热处理不当	3. 应进行高频预热
产品表面流痕	1. 模塑料流动性太好或水分及易挥发物含量太高	1. 应更换模塑料或进行预干燥和预热
	2. 脱模剂使用不当	2. 应选用适宜的脱模剂品种及适当减少用量
	3. 装料不足	3. 装料时应视塑件形状、模具结构来确定适当的加料方法，不易填满之处，应多装料或分多次装料
	4. 排气时机不当或时间过长	4. 应适当控制排气时机和时间
裂缝	1. 嵌件过多过大	1. 制品另行设计或改用收缩率小的物料
	2. 嵌件结构有问题	2. 嵌件要符合要求
	3. 卸模时操作不当	3. 改进脱模操作方法
	4. 模具顶出杆设计不合理及顶出时用力不均	4. 改进顶出装置，保证受力均匀
	5. 材料水分含量过大	5. 将压塑粉进行预干燥及预热处理
	6. 成型温度不合理，冷却时间过长或突冷	6. 调整成型温度与冷却时间
塑件表面色泽不均	1. 模塑料热稳定性能不良	1. 应换用新料
	2. 模压温度太高，熔料或着色剂过热分解	2. 应适当降低压制温度
	3. 模塑料预热不良	3. 应选择适宜的预热方法、预热时间和温度
制品欠压，有缺料现象	1. 塑料流动性过小	1. 改用流动性大的物料
	2. 加料少	2. 加大加料量
	3. 加压时物料溢出模具	3. 调节压力
	4. 压力不足	4. 增加压力
	5. 模具温度高以致存料过早固化	5. 加速闭模、降低成型温度
飞边过厚	1. 加料过多	1. 准确加料
	2. 物料流动性太小	2. 提高成型温度
	3. 模具设计不合理	3. 改进模具设计
	4. 模具导柱孔被堵塞	4. 彻底清理模具，保证闭模严密
	5. 模具毛刺清理不净	5. 仔细清模
制品尺寸不合格	1. 材料不符合要求	1. 改用合格材料
	2. 加料不准确	2. 调整加料量
	3. 模具已坏或设计加工尺寸不准确	3. 修理或更换模具

5.4　层压模压成型技术

层压成型是采用增强材料，如玻璃纤维布、碳纤维布、棉布、纸等经浸胶机浸渍树脂（热塑性树脂、热固性树脂）烘干制成预浸料，然后预浸料经裁切、叠合在一起，将多层附胶材料送入压机中，在一定温度和压力下经过一段时间压制成层压塑料制品，制品一般为板状、管状、棒状或其他简单形状。所用的树脂绝大部分为热固性的，如酚醛树脂、环氧树脂、不饱和聚酯树脂等。另外，为了改善性能及降低成本，还可以加入碳酸钙、滑石粉及氧化铝等填料。

层压制品质量好，性能比较稳定，不足之处是间歇式生产。它的基本工艺过程包括叠料、进料（俗称"进缸"）、热压、出料（俗称"出缸"）等过程，热压中又分预热、保温、升温、恒温、冷却五个阶段。该工艺虽然比较简单，但如何控制产品的质量是个较复杂的问题，因此工艺操作上的要求是严格的。此法的不足是只能生产板状材料，而且规格受压机热板尺寸所限。

5.4.1　层压料的制备

1. 原料制备

1）树脂制备

为了保证层压塑料制品具有良好的性能，通常对树脂提出一些要求。这些要求是由树脂的使用及加工性能所决定的，同时根据树脂的性质及其在复合塑料中的作用提出，而且液态材料种类不同，其黏度也各不相同，树脂的处理方法及应用也不同，所以选用树脂是一个重要的先决条件。对树脂的要求主要如下：

（1）树脂对增强填料应有良好的黏附能力和润湿能力；

（2）树脂本身要有良好的力学性能；

（3）树脂固化时的收缩率应小，否则在复合材料中会引起大量的微裂纹；

（4）树脂应具有良好的工艺性能，树脂主要有聚酯树脂、环氧树脂、酚醛树脂、聚酰亚胺树脂、有机硅树脂、聚四氟乙烯乳液、聚苯硫醚树脂等。

各类树脂性能如下所示：

（1）聚酯树脂，该种树脂价格低廉，工艺性能良好（可常压或低压成型、室温固化、易染色等），固化后树脂综合性能良好，缺点是耐热性不如其他树脂。

（2）环氧树脂，这种树脂特点是强度高、耐化学腐蚀、尺寸稳定性好、吸水率低、综合性能好。

（3）酚醛树脂，该树脂耐热性好，电性能良好，具有优良的耐腐蚀性能。

（4）聚酰亚胺树脂，该树脂具有极高的耐热性和优良的电性能，但价格昂贵。

（5）有机硅树脂，该树脂耐热性好，性能优良，在 260℃仍保持其强度和电性能。

（6）聚四氟乙烯乳液，该树脂的特点是耐化学腐蚀性好，电绝缘性好，耐热，尺寸稳定性好。

（7）聚苯硫醚树脂，该树脂具有极好的黏结性能、良好的耐高温性能、阻燃性、电绝缘性和优异的机械性能等特点。

2）增强材料

增强材料是另一种重要组分。目前国内的底材品种很多，但使用最广的是玻璃纤维及其织物，其他有纸张、棉布、石棉、碳纤维、芳纶等，如图 5.7 所示。

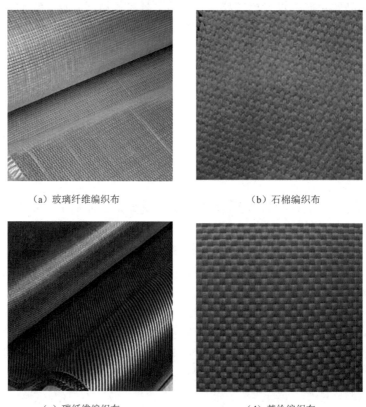

（a）玻璃纤维编织布　　　　　　　　　　（b）石棉编织布

（c）碳纤维编织布　　　　　　　　　　（d）芳纶编织布

图 5.7　常用增强材料

（1）玻璃布具有耐热性好、强度高、良好的耐湿性、尺寸稳定性好等特点，是用途最广泛的品种之一。玻璃纤维的主要成分是铝硼硅酸盐和钙钠硅酸盐两种，前者称为无碱纤维，后者称为有碱纤维，还有高强度纤维和高弹玻璃纤维等。有碱纤维原料来源广，生产成本低，对性能要求不高的制品可应用此种纤维，它在吸湿后强度会下降，只要放置一段时间或干燥一下便可恢复性能，故常用于对电性能与力学性能有一定要求的产品。

（2）用于层压板的石棉有石棉布和石棉纸。石棉布具有良好的拉伸和弯曲强度，抗冲击强度高，并具有优良的耐磨性等，石棉纸为廉价的绝热材料。

（3）高硅氧石英纤维布的特点是耐高温、绝热和耐烧蚀性能好。

（4）碳纤维具有良好的耐腐蚀和烧蚀性、强度高。与之相匹的树脂主要有环氧树脂、酚醛树脂和聚酰亚胺树脂等。

（5）棉布具有良好的浸渍性能、柔性、耐磨性等。

（6）粉云母纸按制造方法不同，可分为熟纸和生纸两种。该纸具有厚度均匀、柔软性好、磨损性好、耐热、绝缘等特点。与之相匹的树脂有环氧树脂、酚醛树脂、聚酰亚胺树脂和有机硅树脂等。

3）辅助材料

辅助材料指固化剂、促进剂、染色剂等，主要根据树脂及其性能和制品的要求选择辅助材料。

4）溶剂

溶剂的选择主要依据树脂的种类。选择依据原则上有三点：

（1）能使树脂充分溶解；

（2）毒性小；

（3）价格低廉。

2. 浸胶

用适当黏度的树脂浸渍连续纤维织物，熟化，达到半熔阶段加热，烘干成为预浸料，是供模压或冲压成型的半成品。浸胶机由纤维布存放装置、干燥装置（干燥未浸胶玻纤布）、浸胶装置、除尘装置、烘干箱体（烘干胶布）、牵引装置、切割装置、收卷装置等组成。

影响胶布质量的因素主要有以下几个。

1）胶液的浓度

胶液的浓度是指树脂质量在浸渍溶液总质量中所占的百分比。它直接影响树脂溶液对织物的渗透能力和织物表面黏结的树脂量。由于胶液浓度和密度受温度影响，所以还应根据环境来确定胶液的密度。采用不同的织物、不同的树脂时，胶液密度不一样。

2）胶液的黏度

胶液的黏度直接影响织物的浸渍能力和胶层。若胶液的黏度太大，纤维织物不易渗透；黏度过小，会导致胶布的含胶量太低。

3）浸胶时间

浸胶时间是指纤维织物通过胶液的时间。实践证明，一般浸胶时间为 15～30 s，时间过长则影响生产效率，过短则导致胶布含胶量不够。

4）含胶量的控制

一般情况下，卷管用胶布含胶量控制在 40%～45%，层压板用胶布含胶量控制在 30%～40%，而外层胶布含胶量应比内层胶布含胶量稍高。

5）张力

在浸胶过程中，纤维织物所受张力的大小和均匀性会影响胶布的含胶量。浸胶过程中，应严格控制纤维织物所受的张力及其均匀性。

6）干燥

已浸渍树脂的纤维织物的干燥是一个复杂的物理变化和化学反应的过程。热固性树脂浸渍预浸料的干燥，包括除去浸胶织物中的挥发成分和少量树脂。在胶液一定的情况下，主要影响烘干的因素有烘干温度和胶布在烘箱里的运行速度。

5.4.2　层压模压成型流程

层压工艺是将多层附胶底材合并送入多层热压机中，按压制厚度要求铺叠成板坯，置于两个抛光的金属模板之中，放在热压机上，对两层模板之间加热、加压，经热压固化成型，然后进行冷却脱模。层压模压成型工艺流程图如图 5.8 所示。

图 5.8　层压模压成型工艺流程图

1. 胶布裁剪及堆叠

叠料时首先对所用附胶材料进行选择，选用的附胶材料应是浸渍均匀、无杂质、树脂含量符合要求的胶布，而且树脂的固化程度也应达到规定的范围。接着是裁剪与叠层，此过程将胶布剪成一定尺寸（按压机大小），切剪设备可用连续式定长切片机，也可以手工裁剪。胶布的剪切，要求尺寸准确，不能过长或过短。将剪好的胶布整齐叠放，把不同含胶量和不同流动性的胶布分别堆放，做好记号储存备用。将附胶材料叠成片时，其排列方向可按同一方向排列，也可以互相垂直排列。用前一种排列方向，制品性能各向异性，用后一种排列，制品性能各向同性。

2. 进料

将多层下动式压机的下压板放在最低位置，而后将装好的叠合本单元分层推入多层层压机的热板中去，再检查一下板坯在热板中的位置是否合适，然后闭合压机，开始升温升压进行压制。

3. 后处理

后处理的目的是使树脂进一步固化直到完全固化，同时消除制品的部分内应力，提高制品的性能。环氧板、环氧酚醛板的后处理是在 120～130℃温度的环境中持续保温 120～150 min，这样可提高制品的机械性能。

5.5　模压成型制品的应用

5.5.1　防眩板的生产工艺

复合材料卡车前面罩的生产一般采用 SMC 技术成型，如图 5.9 所示，复合材料卡车前面罩的生产工艺流程是将一定量的模压料装入模具后，在一定的温度和压力下，模压料塑化、流动并充满模腔。同时，模压料发生交联团化反应，形成三维体型结构而得到预期的制品。在整个压制过程中，加压、赋形、保温等过程都依靠被加热的模具的闭合实现。板坯应按下列顺序合成压制单元：金属板—衬纸—单面钢板—板坯—双面钢板—板坯—双面钢板—板坯—单面钢板—衬纸—金属板堆放。

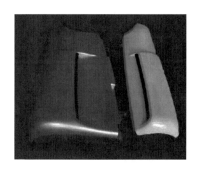

图 5.9　卡车前面罩

1. 工艺参数确定

防眩板制品属薄壁结构，形状较为复杂。当防眩板用铁架、螺栓固定竖立后，作为一种悬臂梁受力构件，要求制品具有较好的抗折强度和弹性，以满足使用要求。从制品性能、结构和形状要求来看，采用较大的成型压力和较高的成型温度是较理想的。压力大、温度高，有利于提高制品的强度，且容易成型薄壁制品。模温高，与固化放热峰的温差就大，制品的表面质量较好。考虑到模压料的性能与生产效率，合适的保温时间是非常重要的。保温时间太短，制品有可能固化不完全。防眩板的基本生产工艺参数如下：

（1）成型压力：（20±2）MPa；

（2）压制温度：上下模均为（150±5）℃；

（3）保温时间：4 min。

2. 热压

开始热压时，温度与压力均不适宜太高，否则树脂易流失，在压制玻璃布层压板时有时会出现滑缸现象。压制时，聚集在板坯边缘的树脂如果已经不能被拉成丝，即可按照工艺参数要求提高温度与压力，温度是根据树脂的特性用实验方法确定的。

压制温度控制一般分为五个阶段。

1）预热阶段

预热阶段中，树脂发生熔化，并进一步浸透底材，同时还排出了一部分挥发物。施加的压力为全压的 1/3～1/2。

2）保温阶段

使树脂在较低的反应速度下进行固化反应，直到板坯边缘处的树脂不能拉成丝时为止。

3）升温阶段

这一阶段是自固化开始的温度升到规定的最高温度，升温不宜太快，否则会使固化反应速度加快而引起成品分层或产生裂纹。

4）恒温阶段

当温度升到规定的最高温度后保持恒定的阶段。这一阶段的作用是保证树脂充分固化，从而使产品性能达到最优。保温时间取决于树脂的类型、品种和产品的厚度。

5）冷却阶段

即当板坯中树脂已充分固化后进行水冷脱模，也可以自然冷却，直到冷却完毕为止。

3. 工艺流程

防眩板的生产工艺流程图如图 5.10 所示。

图 5.10　防眩板的生产工艺流程图

1）材料准备

（1）切料：注意模压料中是否有分层、干料等问题，如严重时应剔除。

（2）称料：要准确，过多则会造成原材料的浪费，过少则会引起缺料。

（3）叠料：应将料叠成长条形，薄膜要撕尽，料块之间应尽量压紧，以防止夹带大量气体。叠好的料放在切料台上，用薄膜覆盖好待用，防止苯乙烯大量挥发，防止对料造成污染。

2）压制

（1）加料：形式保持一致，加料位置要合理。

（2）加压：时机要适当，迅速加压至成型压力。

（3）卸压、排气：重复 4 次，排出模压料中的挥发成分所产生的蒸气以及夹带的空气，以避免缺料、砂眼等缺陷的产生。

（4）保温：时间 4 min，以提高制品的固化程度和表面质量，消除内应力。

3）脱模及后处理

保温后开模取出产品，检查制品有无异常现象，如需加以调整，清理模具并涂抹脱模剂。待产品冷却后，用铁锉除去制品四周的飞边、毛刺。检查制品是否有缺料、砂眼、裂纹、翘曲变形等缺陷，检查制品的外观、形状是否符合要求，其方式是逐块检查，产品经检验合格后即可包装入库。

5.5.2　变压器绝缘垫块的生产工艺

干式变压器绝缘垫块用在干式变压器上，起到绝缘、固定的作用，能保证干式变压器在运输途中和长期工作运行中稳固和绝缘的性能，能耐受变压器在工作中产生的高温和热空气。BMC 干式变压器绝缘垫块是经高温高压整体模压成型，其主要原料是由短切玻璃纤维、不饱和树脂、填料以及各种添加剂经充分混合而成的团状预浸料。BMC 干式变压器绝缘垫块耐高温性能高。由于 BMC 复合材料的热变形温度在 240℃，因此 BMC 制品在高温下能够保持良好的刚性，可以在 150℃下长期使用。而且其耐低温性优良，在零下 30℃下也可使用。BMC 绝缘垫块机械性能优异，耐化学品腐蚀，抗老化，使用寿命长。

BMC 干式变压器绝缘垫块生产工艺过程是将一定量的 BMC 材料放入金属对模中，在一定的温度和压力作用下，使 BMC 材料在模具内受热塑化、受压流动并充满模腔成型固化而获得。

5.5.3　覆铜板的生产工艺

覆铜板是将玻璃纤维布或其他增强材料浸以树脂，一面或双面覆以铜箔并经热压而制成的一种板状材料，被称为覆铜箔层压板（copper-clad laminate，CCL），简称为覆铜板，如图 5.11 所示。覆铜板是印制电路板极其重要的基础材料，各种不同形式、不同功能的印制电路板，都是在覆铜板上有选择地进行加工、蚀刻、钻孔及镀铜等工序，制成不同的印制电路（单面、双面、多层）。

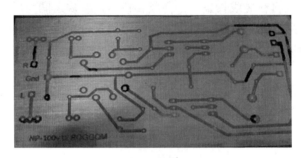

图 5.11　覆铜板

1. 原料

1）铜箔

覆铜板一般使用 35 mm 厚度铜箔，随着印制电路高密度化，对铜箔技术要求越来越高。除化学成分、力学性能、电性能、工艺性能等应满足《印制板用电解铜箔》（GB/T 5230—2020）规定外，铜箔的表面质量对覆铜板质量也有很大影响，要求铜箔表面无污垢、皱纹、麻点、凹坑、划痕、针孔和渗透点。铜箔表面一面是光面，另一面是粗糙面，铜箔表面须经化学或电化学处理，以提高铜箔与基材（胶布或胶纸）的黏力，使用偶联剂处理也可增加黏结力。用于纸基板的铜箔还应在铜箔的粗糙面上涂胶,选择铜箔胶应考虑铜箔和基材之间具有良好的黏结力，并具有良好的电绝缘性、浸焊性等。一般选用聚乙烯醇缩丁醛、丁腈橡胶改性的酚醛树脂作为铜箔胶。

2）增强材料

（1）浸渍纸。生产纸基覆铜板所用的浸渍纸，要求具有良好的收缩性、一定的绝缘性能，纸面不光滑以利于上胶和增加层间黏结力，但纸质材料的结构应均匀，不存在纤维束、腐浆、斑点等缺陷。浸渍纸应呈中性，浸渍纸有棉浆纸和木浆纸两种，分别作覆铜板的表面纸和芯纸。表面纸用棉浆纸，芯纸用木浆纸（单重 127 g/m^2）。如果仅用棉浆纸作芯纸，其板子的翘曲性大。

（2）玻璃纤维布。生产玻璃纤维布基覆铜板使用无碱玻璃纤维布，其成分为铝硼硅酸盐玻璃，碱金属氧化物含量不大于 0.5%，织物组织为平纹，为提高玻璃纤维布层间黏结力，玻璃纤维布浸胶前须经脱浆和偶联剂处理。

（3）黏结剂。不同型号的覆铜板使用不同种类及牌号的黏结剂（树脂）。酚醛覆铜板的黏结剂一般使用改性酚醛树脂，如三乙胺改性、三聚氰胺改性、桐油、苯乙烯改性等。

2. 成型方法

覆铜板成型方法同一般层压板材制品方法相同，一般情况如下：配胶、浸胶、裁片，再经叠合层压、切边而成。浸渍设备有卧式、立式浸胶机，一般纸基板胶纸采用卧式浸胶机，布基板胶布采用立式浸胶机。

1）黏结剂配制

双氰胺溶液配制的双氰胺为白色结晶固体，熔点 207～209℃，在极性溶剂中可溶解，其溶解度随温度增加而增加。双氰胺是一种潜伏型固化剂，为了与环氧树脂充分分散混合，须先配成溶液。

2）浸胶

玻璃布在立式浸胶机上进行浸胶，采用两次浸胶法，第一次采用反挤辊或胶液喷射法，使胶液从玻璃布的一面向另一面渗透，以利于玻璃布间隙内气体的排出和胶液渗透均匀。第二次为浸渍，通过控制挤辊间隙而调节胶量的大小和均匀性。浸胶机烘箱的温度应分段控制，一般采用四温区控制，即上行、下行各两个温区，胶布从烘箱出来后收卷并裁片。

3）叠合

叠合必须在净化室中完成。根据覆铜板的厚度，确定每张板子所需胶布的张数。叠合前将有疵点的胶布挑选出来，然后将每块板所需胶布层数选配为一叠并错位成叠。铜箔-胶布-薄膜（单面覆铜板）叠合在一起，以利于在铺模整理时铺模。

4）铺模

在净化室中使用铺模整理机完成。铺模时要注意每模所压的块数和总厚度。以 1.6 mm 厚覆铜箔为例，每模以 8 块为宜，块数多对排出气泡和平整度均不利。铺模时在垫板上和盖板下应加放 20 层左右绝缘层，作为压制缓冲层，以保证压制时物料内的气泡排出。

5）压制

层压板一般有 18 层或 20 层。先将已铺好的模逐层堆放在装卸机里的各层上，然后开动机器将所有的层压板一次推进层压机里。层压机模板的温度为 120～130℃，预压力为 3～5 MPa，预压时间为 15～25 min，这时，胶布里的树脂凝胶完成。然后在 10 min 内将温度升至 170～175℃，将压力逐步升至 7～8 MPa，保温 75～90 min，停止加热并开冷水管冷却至 50℃以下脱模。

思 考 题

1. 模压成型相对于缠绕成型和预浸料成型有哪些优点？

2. 模压过程中影响模压成型产品质量的因素有哪些？

3. 短纤维模压成型相对于片状模塑料（SMC）模压成型技术和块状模塑料（BMC）模压成型技术的缺点是什么？

4. 当模压成型的材料表面出现糊斑时，要怎么解决？

5. 减小模压产品变形量有哪些措施？

第6章　复合材料自动铺放成型技术

6.1　概　　述

自动铺放成型技术是替代预浸料手工铺叠的一种复合材料成型方法,根据预浸料形态,自动铺放可分为自动铺带(ATL)与纤维自动铺丝(AFP)两类。自动铺带的原材料为带有衬纸的预浸料,宽度为 25～300 mm,由龙门或卧式的多轴机械臂完成铺放位置定位。铺带头自动完成预浸带的输送裁剪、加热铺叠与辊压,整个过程采用数控技术自动完成。纤维自动铺丝采用多束 3～25 mm 的预浸窄带,铺丝头将数根预浸纱在压辊下压实、定形在芯模上。自动铺带与自动铺丝的共同特点是自动化高速成型、质量好,主要适于大型复合材料构件成型。其中自动铺带主要适用于小曲率表面构件,由于预浸带较宽,因此自动铺带的优点是高效率;而纤维自动铺丝侧重于实现复杂形状曲面,适用范围较宽,但效率相对较低。

美国与欧洲于 20 世纪中期开始发展自动铺带技术研究,并经过长足发展,应用于大型飞机结构的制造。如波音 787、空客 A350 的所有机翼翼面均采用自动铺带技术成型,而所有机身构件采用纤维自动铺丝技术成型。自动铺丝技术相对于传统的手工铺贴能提高生产效率并减少资源浪费,从而降低复合材料构件的制造成本。自动铺丝技术的效率是手工铺贴效率的 5～10 倍,同时可以将废料从 20% 减少到 5%左右。20 世纪 80 年代,美国通用动力公司和康纳克(Conrac)公司联合开发了首台铺带机。90 年代后,西欧开始研制自动铺带机。自动铺带机的生产厂家主要为欧美企业,如美国辛辛那提机械(Cincinnati Machines)公司、GFM公司、英格索兰(Ingersoll)公司和西班牙托雷斯(M. Torres)公司。自动铺丝机主要生产厂家有美国辛辛那提机械公司、英格索兰公司、Electroimpact(EI)公司、西班牙托雷斯公司、法国科里奥斯(Coriolis Composites)公司和马其顿麦科罗(Mikrosam)公司。

6.2　铺放材料体系

6.2.1　预浸料种类

随着复合材料铺放技术的不断完善,新的预浸料也不断出现,预浸料的类型不断增加，预浸料的种类按不同的方法分类如下：

（1）按物理状态分类，分为单向预浸料、织物预浸料、带 Scrim 薄纱预浸料、预浸纱。

（2）按树脂基体分类，热固性树脂预浸料可分为：聚酯树脂增强纤维（织物）预浸料、乙烯基酯树脂增强纤维（织物）预浸料、环氧树脂增强纤维（织物）预浸料、酚醛树脂增强纤维（织物）预浸料、双马来酰亚胺树脂增强纤维（织物）预浸料、氰酸酯树脂增强纤维（织物）预浸料、苯并噁嗪树脂增强纤维（织物）预浸料等。

（3）按增强材料分类，分为碳纤维（织物）预浸料、玻璃纤维（织物）预浸料、芳纶纤维（织物）预浸料、玄武岩纤维（织物）预浸料、硼纤维预浸料、混杂纤维（织物）预浸料等纤维（织物）预浸料。

（4）按纤维长度分类，分为短纤维（4.76 mm）预浸料、长纤维（12.7 mm）预浸料、连续纤维预浸料。

（5）按固化温度分类，分为低温固化（80℃及以下）预浸料、中温固化（80～180℃）预浸料、高温固化（180℃及以上）预浸料。

6.2.2 预浸料的制备方法

利用专用设备，纤维束或织物在严格控制的条件下通过低沸点的树脂溶液及溶剂浸渍，称为溶剂法预浸料；或将增强材料置于两层树脂薄膜之间，加热使树脂熔融并连续碾压及热熔浸渍，从而可形成树脂均匀分布在增强材料之间的片状预浸料，称为热熔法预浸料。

1）溶剂法预浸料制备工艺

溶剂法主要用于制备织物预浸料，设备形式和工艺方法多种多样。织物浸透性较好，树脂含量均匀。溶剂法可解决超薄以及超厚织物（单位面积质量 30～600 g/m²）的浸胶问题。

（1）辊筒缠绕法。一束或几束纤维通过树脂槽浸胶后，经过胶量控制装置除去过多树脂，并使纤维扩展、充分浸渍、均匀分布，然后缠绕在铺有离型纸的辊筒上。辊筒转动一圈，纤维束就在离型纸上缠绕一周。丝杠横向进给预先设定的宽度，纤维束就平行在离型纸上缠绕一圈，依此重复绕满辊筒，沿辊筒长度方向切断纤维和离型纸，得到一整张预浸料。

（2）立式（垂直式）浸胶机预浸料制备。立式浸胶设备主要用于拉伸强度高、较厚的织物预浸料。由于较厚织物浸胶后较重，加上设备牵引力较大，需要基材高强度才能保证基材进入烘箱前或在烘箱中不会被拉断。立式烘箱还可解决较厚织物或含胶量较高织物预浸料残留溶剂挥发问题。

立式浸胶机制备预浸料方法是指预浸机烘箱垂直于地面安放，增强材料浸胶后从下而上垂直运行的一种预浸料制备方式，是目前制备各种织物预浸料的主要方法。国内外不同公司制备织物预浸料的方法原理相同，设备有别。立式预浸机主要包括以下部分：开卷装置，拼接机，前后储料架，浸胶系统，烘箱和加热冷却系统，纠偏、剪切和收卷系统等。

（3）卧式预浸机制备预浸料。卧式预浸料生产设备一般利用一定压力的热气流将浸胶的基材悬浮在空气中，不与支撑辊接触，从而使支撑辊和基材都不会被污染，热气流也会起到加热挥发溶剂的作用。由于增大气流压力需要较大成本，卧式预浸料生产方法适合生产较薄的织物预浸料。卧式预浸机的设备和其制备预浸料的工艺步骤，除烘箱水平放置并由此带来的一些工艺问题外，和立式预浸设备、工艺过程相同。

（4）溶剂法多次浸渍。溶剂法多次浸渍主要用于较厚、编织密实、经纬交叉点多等难以浸渍的织物，也可用于预浸料树脂含量高、一次浸渍不能达到要求的织物。若有预浸料是要求用两种以上不同功能树脂浸渍或两面浸渍状态要求不同等情况，一次浸渍无法满足，需要两次及多次浸渍。

2）热熔法预浸料制备工艺

热熔法预浸料是在溶剂法制备预浸料的基础上发展起来的，免去了溶剂浸渍法因溶剂带来的诸多不便。热熔法是预浸料制备工艺的一大进步，目前国内外专业化预浸料生产厂大都采用热熔法制备预浸料，特别是主要承力结构用的预浸料。质量控制严格、性能要求高的预浸料基本都是采用热熔法制备的。

热熔法因其浸渍方式不同，分为直接热熔法和胶膜压延法。胶膜压延法中又因制备预浸料的步骤有异，分为一步法和两步法。前者是制膜和浸胶在同一台设备上一次完成。后者是先在涂胶机上完成制膜任务，再于浸胶机上用胶膜浸渍增强材料，使树脂浸透增强纤维，形成预浸料。热熔浸胶机的实物如图 6.1 所示。

图 6.1　热熔浸胶机

热熔法制备预浸料的工艺步骤分为配胶、涂胶、浸胶。

（1）直接热熔法。直接热熔法是将树脂基体加热熔融在胶槽中，然后将增强纤维依次通过展纱机构、张力控制系统、胶槽、挤胶装置、丝束重排装置、牵引装置、收卷等工位制得预浸料。

（2）胶膜压延法。目前国内外制备预浸料采用得最多的方法就是胶膜压延法。这种方法是先制备胶膜，然后将增强材料压入制备好的胶膜中并均匀分布。如果在同一台设备上完成，则称为热熔一步法，如果两步分别在胶膜机和预浸机上制备，则称为热熔两步法。热熔两步法增加一道工序和工序设备使其成本有所提高，但就预浸料性能而言，可以提高树脂分布均匀性，避免涂胶有误带来的预浸料不合格造成材料浪费，同时有利于树脂中低分子组分吸收和水分排出，减少成品的气泡和孔洞等缺陷。

6.3　复合材料自动铺带成型技术

自动铺带机分为曲面铺带机（contour tape laying machine, CTLM）和平面铺带机（flat tape laying machine, FTLM），如图 6.2 所示。铺带机主要用于大形面、小曲率复合材料结构的生产，如壁板类结构、机翼、尾翼的蒙皮。与手工铺叠相比，效率高、质量稳定、材料浪费少、制造成本低。纤维自动铺放最初的研究是作为 NASA 的 ACT 计划和波音 ATCAS 计划的一部分进行的，是专为曲率较大的双曲面蒙皮的制造而开发的技术，大多数纤维铺放系统有七个运动轴，并由计算机控制。运动轴为三个位置轴、三个旋转轴和一个用于旋转工作压辊的轴，使纤维铺放机能够灵活地将铺丝头定位到零件表面，从而能够生产复杂形状的复合材料结构。

（a）曲面铺带机　　　　　　　　　　　　（b）平面铺带机

图 6.2　自动铺带机

自动铺带机使用的单向预浸带带宽为 25～300 mm，可通过自动化、数字化手段控制铺层设备，以实现预浸带的自动切割与铺贴。完整的工作过程包括：滚轮导出预浸带，压紧设备将预浸带逐层压紧在模具上，切割刀按一定方向将预浸带切断，铺放过程中回收装置回收预浸带背衬材料。

6.3.1　自动铺带设备

20 世纪 60 年代初，在单向预浸料出现后不久，为加速铺层的工艺过程开始研制自动铺带机。美国率先研发自动铺带机，第一台数字控制的龙门式铺带机是由通用动力公司与康纳克公司合作开发的，于 20 世纪 80 年代正式用于航空复合材料构件的制造。之后西欧在 90 年代后也开始研制和生产自动铺带机。

自动铺带机是高端复合材料成型设备，世界上只有少数几家公司掌握了自动铺带机设计制造的核心技术，目前制造自动铺带机的厂商有美国辛辛那提机械公司、英格索兰公司、GFM 公司、城市机械与模具公司（City Machine Tool & Die Company）、ITW 公司和西班牙托雷斯公司、弗雷斯特-里内（Forest-Line）公司等。

自动铺带机设备由台架系统和铺带头组成，根据台架数可分为单架式和双架式自动铺带机，双架式自动铺带机可以调整机身长度，适用于尺寸较长的零件铺放制造，如大尺寸机翼蒙皮。根据机床主体不同，自动铺带机可分为龙门式自动铺带机、卧式自动铺带机和立式自动铺带机。

1）龙门式自动铺带机

龙门式自动铺带机的台架系统由平行轨道、横梁、横滑板、垂滑枕组成。轨道方向为 X 轴，横梁在平行轨道上沿 X 轴移动，横滑板在横梁上沿着横梁做 Y 方向的直线运动，垂滑枕带动铺带头沿 Z 轴上下移动，铺带头是可旋转的。在计算机的控制下，平行轨道、横梁、横滑板、垂滑枕协同运动，带动铺放头在 X、Y、Z 三个方向极限所构成的空间内运动。龙门式自动铺带机可根据场地调整 X、Y、Z 的运动极限，适用于大范围、长跨度的铺放。五轴联动台架系统除了包括传统数控机床的 X、Y、Z 三坐标定位，还增加了沿 Z 轴方向的转动轴 C 轴和沿 X 轴方向摆动的 A 轴，五轴联动可更好地自动完成曲面定位，满足曲面铺带的基本运动要求。图 6.3 为法国 Forest-Line 公司研发的大型龙门式机床自动铺带机。

图 6.3　法国 Forest-Line 公司大型龙门式机床自动铺带机

龙门式自动铺带机适用于小曲率壁板、翼面等回转体结构，早期主要是用于生产军用飞机航空件，如 F-16 战斗机机翼和轰炸机 B-1、B-2 的部件。随着铺带设备和技术的成熟，龙门式自动铺带机也逐渐应用于民用飞机上，如波音 777 的尾翼和垂直安定面蒙皮以及空客 A330/A340 的水平安定面蒙皮等。

2）卧式自动铺带机

对于较大尺寸和质量的回转体，其模具的尺寸和质量也较大，采用龙门式自动铺带机会产生空间局限性和成本问题。所以在铺放大型回转体构件时，大多采用卧式自动铺带机，如筒形体构件，波音 787 机身 47 段就是通过卧式自动铺带机进行铺放的。

卧式自动铺带机可以分为主机机架和芯模支架两部分。主机机架部分主要靠底座支撑。滑动小车沿着底座导轨进行 X 方向运动，同时，立柱沿着小车上导轨进行 Y 方向运动。铺带头安装在立柱一侧，并可沿立柱导轨进行 Z 方向垂直运动，在小车、立柱、铺带头的协同运动下，可以完成工件各位置的铺放工作。铺带头和立柱之间依靠转动轴 C 轴连接，A 轴可以带动模具转动。卧式自动铺带机将滑动小车、立柱、铺放头都集中在同一底座上，优点是铺放设备占用较小空间。

3）立式自动铺带机

立式自动铺带机的基本架构包括主机部分和芯模旋转工作台。主机部分支撑在两根立柱上，横梁可以沿着立柱进行 Z 方向上下移动。在横梁上，方滑枕可以沿着导轨进行 Y 轴方向左右运动。X 轴方向的直线移动依靠方滑枕上的伸臂运动进行。同时，在铺缠带头与伸臂的连接处设有 3 个旋转轴：铺缠头偏航 A 轴、铺缠头俯仰 B 轴、铺缠头旋转 C 轴。立式自动铺带机与龙门式自动铺带机的不同之处在于，前者主机依靠两根立柱支撑，X、Y、Z 方向的运动分别依靠伸臂、方滑枕和横梁运动完成。而后者主机支撑在两排立柱上，其 X、Y、Z 方向的运动依靠横梁、横滑板、垂滑枕进行。立式自动铺带机与卧式自动铺带机的不同之处在于，卧式自动铺带机驱动芯模转动的是旋转轴，立式自动铺带机驱动芯模转动的是旋转工作台。

自动铺带机系统由台架系统、铺带头和其他独立工作单元组成。根据台架数，可分为单架式自动铺带机和双架式自动铺带机。

1）台架系统

台架系统由两条平行轨道和横梁、在平行轨道上移动的横滑板、带动铺带头上下移动的垂滑枕组成。其中横梁、横滑板、垂滑枕分别可沿 X、Y、Z 三个坐标移动，铺带头增加了沿 Z 轴方向的转动轴 C 轴和沿 X 轴方向摆动的 A 轴。五轴联动可以满足不同曲面铺带的基本运动要求，且可完成铺带位置的自动定位。

2）铺带头

铺带头是自动铺带设备的核心，主要完成预浸带的储存输送、切断、加热、压实等功能，通过柔性压辊将预浸带铺放压实到模具表面上，铺带头的主要构成包括：预浸带装夹和释放系统、衬纸回收系统、缺陷检测系统、预浸带输送导向系统、预浸带切割系统、预浸带加热系统、铺带和压实系统。

预浸带的传送经过输送轴和拉紧轴。铺带头上安装了预浸带三轴超声切割系统与张力控制系统。切割系统可根据待铺放工件边界轮廓自动完成预浸带特定形状的切割。张力控制系统独立于铺带头，通过收放力矩电机控制运行，预浸带在加热系统加热后在压辊的作用下逐层铺贴到模具表面，铺带头如图 6.4 所示。

图 6.4　地轨龙门铺带头

3）其他独立工作单元

除了台架系统和铺放头，一般自动铺带机还具有其他独立工作单元，主要包括用于准确定位和压实预浸带的施料辊、预浸带加热装置、模具坐标校准系统、表面探测定位系统和光学预浸带缺陷检测系统等。对于不同的预浸料，最适宜的铺放工艺参数也会不同，因此需要在自动铺带机上安装加热系统，以匹配不同的树脂黏性，提高预浸带的铺覆性。一般热固性预浸带加热温度控制在 25～45℃范围内，加热装置多采用灯管加热和热风加热。模具坐标校准系统包括激光跟踪仪，它通过模具表面的靶标点快速确定并校准铺带机在模具表面的坐标并实时跟踪反馈。表面探测定位系统提供了表面探测定位装置，使得铺带头在接近制件表面时缓慢移动，直到两者接触为止。

6.3.2　自动铺带成型技术

在自动铺放过程中，铺带头处的压辊为预浸料提供设定的铺放压力，使预浸带紧密贴合于基底上，适当的温度使基体树脂产生流动并发生固化交联反应。压辊压力可以使预浸带产生一定程度的减薄，且若预浸带受压时间较长会出现明显压痕。预浸带的理想弹性变形、黏滞弹性变形和黏性流动等变形是产生压痕的主要原因。其中，理想弹性变形和黏滞弹性变形是可逆变形，在铺放压力去除后，理想弹性变形瞬间恢复，黏滞弹性变形会缓慢恢复，但黏性流动是树脂大分子链的整体移动，其变形是不可逆的。在铺放过程中的树脂黏性流动可表示为

$$\varepsilon = \frac{\sigma_0}{\eta} t \qquad (6.1)$$

式中，ε——树脂黏性流动变形量；

　　　σ_0——铺放压力；

　　　η——树脂基体的黏度；

　　　t——树脂受压时间。

预浸带在受压过程中，树脂基体的流动受单向纤维丝束的阻碍作用，使预浸带的黏度大于树脂的黏度，预浸带黏性流动公式可表示为

$$\varepsilon_1 = \frac{\sigma_1}{\eta_1} t_1 \qquad (6.2)$$

式中，ε_1——预浸带黏性流动变形量；

　　　σ_1——铺放压力；

　　　η_1——预浸带的黏度；

　　　t_1——预浸带受压时间。

铺放过程中要对预浸带铺放过程中的铺放速率、温度和压力进行协调控制优化，以提高预浸带铺放过程中的层间黏性和铺覆性，保证预浸带铺放质量。铺放过程中预浸料的黏性大小是一项很重要的指标，合适的黏性在很大程度上决定了成型件的性能。黏性不足容易产生滑移和架桥等缺陷；黏性过大，一旦出现铺放缺陷，不利于人工纠正，造成材料和工时的浪费。

在自动铺放过程中，铺放速率需要严格控制。一方面，在保证铺放质量的前提下要尽可能地提高铺放速率，这样才能保证生产效率；另一方面，速率过快意味着压辊对树脂的施压时间和加热时间不够，容易导致树脂的黏性不足而产生滑移等铺放缺陷，从而影响铺放质量。铺放压力的施加在铺放过程中也很重要，压力的大小在一定程度上决定了黏性的大小。适中的压力有利于树脂流动，又可以使加热均匀；压力过大会将树脂压出，将预浸料压变形，造成铺放贫胶现象，影响铺放成品质量。树脂的力学性能对温度最为敏感，温度过低、黏性不足，造成材料和模具贴合不足，温度过高可能会造成树脂的整体或部分固化，合适的铺放温度是决定铺放质量的最关键因素。

铺放温度对预浸带树脂基体的流动性影响很大。若温度较低，树脂流动性较小，树脂难以渗透纤维，造成预浸料层间接触不良，影响制品的性能。为了保证预浸带在不同铺放路径上的压力相同，需要根据模具上的铺放路径和实际的铺放速率不断调整铺放压力。

自动铺带机一个很重要的功能是切割技术。铺带技术有两种切割模式：第一

种是分离剪切模式，即预浸带先后进行与背衬纸分离、切割和与背衬纸贴合过程。第二种是精密切割模式，即精密控制切割深度并利用旋转刀片或超声刀完成预浸带的切割，并保证背衬纸的完好。两种切割方式各有优劣，分离剪切的预浸料与背衬纸反复分开与贴合会造成质量的降低；精密切割中，粉尘对精密刀片污染较严重，噪声污染难以解决，且难以切割折线切口。但精密切割的超声切割不仅可控性好、切割质量高，且可通过三轴进给系统轻易实现曲面边界的切割，现已广泛应用于国内外各类铺带设备上。

6.3.3　自动铺带成型模具

复合材料成型模具技术是复合材料制造技术的重要组成部分，复合材料自动铺放成型模具需要满足热压罐工艺对成型模具的基本要求：材料具有良好的耐热性和热稳定性；尺寸精度和表面质量满足复合材料构件尺寸精度和表面质量的要求；模具要具有足够的刚度和强度；模具应该具有低的热容量和高的热传导性；模具要求成本低。除此之外，铺带成型模具还需要满足以下因素：模具要易识别构件外形；模具高度落差不宜过大；需要设置随炉件。

模具的材料一般选用焊接工艺好的钢材，如 45#钢或 Q235 钢。模具工作区尽可能使用一整块钢板制成，避免使用焊接以保证气密性。模具工作面各处的平面落差应在 12 mm 以内，模具整体采用薄钢板搭建，且框架薄板上设置等距直线排列导流孔，以利于散热并降低质量。模具整体高度为 800～1000 mm，长度和宽度根据构件尺寸决定。为了提高铺放速率，应将铺层比例高、单向长度长的铺层方向设置为 0°铺放方向。

模具型面由构件外形数模沿周边向外自然延伸 400 mm 并采用数控加工制造而成，加工精度为±0.15 mm，粗糙度 Ra＜1.6 μm，表面要求足够光滑且不能有缺陷。模具表面刻有外形标线，外形标线向外延伸 20 mm 为余量标线，向外延伸 400 mm 为铺带外形标线。铺带外形标线上需要打定位点，外形为"＋"号。

模具刚度校核采用有限元分析技术分析其变形情况，约束设置为四角简支，载荷为自重与 5 倍构件/辅助工装质量之和，若模具最大变形量小于 5 mm，可视为刚度合格。

6.4　复合材料自动铺丝成型技术

AFP 适用于生产飞机翼身融合体、机翼大梁、S 形进气道等。波音 787 的前机身段和中机身均采用 AFP 工艺；诺斯罗普·格鲁曼公司采用 AFP 生产了 F/A-18E/F 的 S 形进气道、机身和平尾蒙皮；ATK 公司采用 AFP 生产了 F35 机翼蒙皮。另外，波音 JSF 进气管、C17 起落架和吊舱整流罩、C17 发动机机舱门、雷神一号和 Hawker 地平线商务飞机的机身部分等都采用了 AFP 技术。Coriolis 复合材料公司八轴自动铺丝机如图 6.5 所示。

图 6.5　Coriolis 复合材料公司八轴自动铺丝机

6.4.1　自动铺丝设备

自动铺丝机和自动铺带机相同，也可分为龙门式自动铺丝机、卧式自动铺丝机和立式自动铺丝机。美国辛辛那提机械公司、英格索兰公司、Electroimpact（EI）公司、西班牙托雷斯公司、法国科里奥斯（Coriolis Composites）公司和马其顿麦科罗公司是目前主流的自动铺丝机供应商。

（1）龙门式自动铺丝机相对龙门式自动铺带机的优势主要体现在铺丝头上，由于其铺丝头可随时由切断系统调整丝束数量，所以可以铺放曲率较大构件和非回转曲面，如波音 747 和 767 客机发动机进气整流罩试验件、JSF 战斗机 S 形进气道等、A350 长机身曲板等结构件均采用龙门式自动铺丝机铺放而成。国内最早的龙门自动铺丝机的速度可以达到 30 m/min，可进行的正曲面和负曲面最小曲率半径为 20 mm 和 150 mm。

（2）卧式自动铺丝机可以铺放的回转体种类更多。相比于龙门式自动铺丝机，卧式自动铺丝机可以设置更长的导轨，所以卧式自动铺丝机可以铺更长的构件，芯模长度可以不受限制。一些大型客机的机身和尾椎试验件均可使用卧式自动铺丝机。如 M. Torres 设计的卧式自动铺丝机最高可以以 60 m/min 的速度进行同时 16 根 6.35 mm 丝束的铺放。

（3）立式与卧式的不同之处在于驱动芯模转动的旋转坐标轴不同，立式自动铺丝机使用的是芯模旋转工作台，卧式自动铺丝机为芯模旋转轴。立式自动铺丝机设备为机床结构，设备使用寿命长且铺放精度高，广泛应用于机身结构铺放。

自动铺丝设备分为长传纱型铺丝机和直传纱型铺丝机。长传纱型铺丝机的预浸丝束卷放在纱架中，预浸丝束通过长距离传输到铺丝头上进行铺放，首先被研制使用。长传纱型铺丝机的纱架体积较大，可存放数量较多的预浸丝束卷，单次铺放长度较长，通常可达到 5000 m，所以适合大型结构件的铺放。但是，长传纱型铺丝机长距离传输的缺点也很明显，如自重较大易导致断纱、下料时间较长、材料浪费较大、人工维护成本较高。之后直传纱型铺丝机被开发，其料卷与铺丝头结合在一起，解决了长传纱型铺丝机丝束易断开的风险。但由于料卷的尺寸和数量受到限制，直传纱型铺丝机的铺放长度相对长传纱型铺丝机减少，一般仅1500 m 左右。为了解决频繁上下料问题，Electroimpact（EI）公司开发了可更换铺丝头技术，用完料筒后可更换新的铺丝头继续工作，如图 6.6 所示。

图 6.6　Electroimpact（EI）公司开发了可更换铺丝头

自动铺丝头一般包括送进、夹紧、剪切、重送、加热、滚压等装置共同配合实现铺丝工作。

（1）剪切装置。剪切装置可以在铺放过程中对纤维丝束进行切断、调用，从而可以随时改变丝束数以应对不同铺放区域大小。

（2）夹紧装置。为了防止纤维受张力作用被收回导致不受控制，需要在剪切纤维前对纤维进行夹紧动作，在纤维重送时撤销夹紧功能。

（3）重送装置。重送装置用以实现纤维丝束断开后的重送工作。

（4）滚压装置。铺丝机通过滚压装置施加压力，挤走层间空气并保证预浸丝束紧贴在基体或工件表面上，压紧力可通过编程控制。

（5）加热装置。加热装置用于控制预浸丝束的黏度以保证贴合质量。加热过程中一般需要保证热固性预浸丝束升温至 27～32℃以产生必要的黏度，配合滚压装置使铺层结合更紧密。常用的热源装置有激光加热、热风加热和红外加热方式。激光加热方式适合需要提供高温的热塑性预浸丝束铺贴，可提供快速升温功能。但其成本较高、体积较大，适用于对加热时间有严格要求的场合。红外加热方式由于其成本较低且体积较小，具有不可替代的优势，如图 6.7 所示。热风加热适用于加热时间要求较短的场合，且要求热风距离加热作用点较短。实际铺丝过程中，需要根据加热要求和不同加热方式的优缺点选择合适的加热工艺。

图 6.7　铺丝头红外加热装置

　　机器人式自动铺丝机比机床类铺丝机具有自由度大、成本低、空间活动范围大等特点，如图 6.8 所示。机器人式自动铺丝机采用机器人手臂和铺丝技术结合技术，保留了工业机器人的特点，提高了铺放自由度。配合横向导轨可扩大铺放范围，对芯模进行快速准确的铺放。机器人式自动铺丝机将剪切、夹紧、滚压、重送等装置集成在模块化铺丝头上，然后通过法兰盘与机械手臂进行连接。与机床式铺丝机相比，机器人式自动铺丝机的铺丝头体积相对较小、质量相对较轻，便于拆卸。机械手臂工作范围大，操作灵活，铺放姿态变化灵活，可铺放 S 形进气道等回转体和其他不规则曲面构件，如图 6.9 所示。

图 6.8　机器人式自动铺丝机

图 6.9　机器人式自动铺丝机铺放不规则构件

6.4.2　自动铺丝成型技术

　　自动丝束铺放可适应 3.2～25.4 mm 宽的预浸丝束。为保证铺丝制品的铺覆性、控制制品的成型尺寸和质量，需要对轨迹进行设计规划，保证相邻预浸丝束之间的重叠和间隙缺陷较少。铺丝过程中预浸丝束的黏性大小同样是一项很重要的指标，合适的黏性在很大程度上决定了成型件的性能，需严格控制铺放速率、压辊压力、加热温度。为了保证铺放过程的连续性、减少更换丝束卷带来的工时浪费，一般预浸丝束尽量长，在制备预浸丝束时选用大卷装提高铺放效率。

　　自动铺丝成型 CAD/CAM 系统包括自动铺丝技术从设计到制造的全过程，如图 6.10 所示。首先设计人员在三维设计软件中绘制零件结构。然后，操作人员将零件三维数据转换成制造数据输入编程软件内，生成铺丝轨迹数据。最后，对轨迹数据进行后处理和机床虚拟铺放仿真，验证加工程序的可靠性。

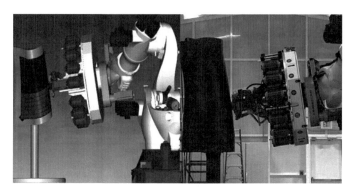

图 6.10　自动铺丝成型 CAD/CAM

6.4.3　自动铺丝成型模具

　　自动铺丝用模具和自动铺带用模具功能类似，需要为铺丝成型提供基础曲面，并为固化工艺脱模提供需要。根据构件的不同，铺丝模具和固化模具可以分开使用，也可采用固化共用模具方式。铺丝模具由模具固化型面确定制件表面，脱模或装卸时某些部件会产生变形，无须多次装卸模具且不需要重新校准。铺丝/固化一体模具由模具铺放型面确定制件表面，制备多个制件时，需要额外在设备上装卸模具。若铺放/固化一体模具无自校准功能，则在设备上安装模具时需要重新校准。

　　自动铺丝模具形状和制造材料由具体要求进行选择。对于外形复杂的开放式制件，铺丝模具和铺放模具类似；对于封闭式模具的设计则需要考虑铺放、固化和脱模等过程。模具材料可采用铝合金、模具钢、殷钢、复合材料等，模具形式可分为阴模、阳模、组合模，可根据材料特点、实际装配要求等进行选择；可将同一制件的模具分为铺丝成型模具和固化专用模具，以提高效率并降低成本。铺放软件必须进行模具数模精确建模，模具需要能精确地测量数据，从而进行精确定位，防止铺放头与模具相撞引起事故。对于仅曲面复杂不需要主轴旋转的平板类制件，须保证模具的刚度和位置准确；对于进气道这类整体化回转半封闭式制件，模具的设计和制造的难度加大。非对称性旋转制件模具需要考虑因旋转偏载问题造成的模具扭曲。

模具表面硬度应较高，不仅需要满足铺放表面不产生变形和固化时压力要求，还需尽量使模具减重。模具的旋转稳定性和模具的支撑及装卡校核也很重要，避免铺放错误造成铺放头损伤。

6.5　自动铺放成型技术的应用

20 世纪 80 年代初，自动铺放成型技术广泛应用于军用、民用航空复合材料构件的生产制造上。国外众多先进复合材料制造厂商均已采用自动铺放成型技术进行结构件设计，表 6.1 为目前国外应用自动铺放技术的主要复合材料构件制造厂商。

表 6.1　应用自动铺放技术的主要复合材料构件制造厂商

地区		厂商
北美洲	美国	波音公司、洛克希德·马丁公司、美国宇航局、辛辛那提机械公司、贝尔直升机公司
欧洲	法国	达索飞机制造公司
	西班牙	马德里航空公司
	荷兰	荷兰航空公司
	英国	英国国家航天中心
	德国	戴姆勒-克莱斯勒公司
	意大利	埃林航空公司
亚洲	日本	日本川崎重工、富士重工公司
	韩国	韩国现代重工集团

6.5.1　自动铺带成型技术的应用

复合材料铺带技术最早用于美国 F-16 战斗机机翼的铺放，之后波音公司为 B-2 隐形轰炸机大量投入发展了自动铺带系统。波音公司采用自动铺带技术制造了波音 777 商用飞机的垂直和水平安定面蒙皮壁板。Vought 飞机工业公司应用自动铺带技术生产了军用 C-17 运输机的水平安定面蒙皮和 PQ-4B 无人机的大展弦比机翼。欧洲的西班牙航空制造有限公司（EADS-CASA）是最早使用自动铺带技术生产复合材料构件的公司。A330 和 A340 商用飞机的水平安定面壁板、A340-600 商用飞机的尾翼壁板、多尼尔 728 喷气飞机的水平和垂直安定面壁板、A380 商用飞机的水平安定面壁板等结构均是采用自动铺带技术生产的。表 6.2 为采用自动铺带技术制造的典型复合材料构件。

表 6.2　采用自动铺带技术制造的典型复合材料构件

公司	机型	零件
美国波音公司	A-6 "入侵者"	机翼壁板
	F-22 "猛禽"	机翼壁板
	波音 777	尾翼、水平和垂直安定面壁板
	波音 787	机翼壁板、第 47 段机身
西班牙航空制造有限公司	A330	水平安定面壁板
	A340-600	水平安定面壁板、升降舵壁板
	多尼尔 728 喷气式飞机	水平和垂直安定面壁板
	欧洲战斗机	机翼壁板
	A380	水平安定面壁板
美国 Vought 飞机工业公司	C-17	水平安定面壁板
菲尔通航空结构公司	A330/A340	机翼零件
	"湾流" IV	机翼零件
比利时航空设备制造有限公司	达索 "隼"	水平安定面壁板
美国通用动力公司	F-16	机翼、垂直安定面壁板

6.5.2　自动铺丝成型技术的应用

　　1995 年诺斯罗普·格鲁曼公司将自动铺丝技术应用于 F/A-18E/F 的进气道和机身蒙皮的制造。之后自动铺丝设备广泛应用于美国和欧洲一些航空复合材料制造领域，机型包括 Viper 1200 和逐渐升级的 Viper 3000、Viper 6000 等。纤维自动铺丝设备在复合材料的应用领域如表 6.3 所示。

表 6.3　纤维自动铺丝设备在复合材料的应用领域

公司	机型	零件
波音公司	V-22	前机身壁板、中机身侧蒙皮
贝尔直升机公司	V-22	旋翼支柱
诺斯罗普·格鲁曼公司	F/A-18E/F	尾翼、进气道、机身蒙皮
诺斯罗普·格鲁曼公司	C-17	整流进气门
波音公司	C-17	起落架护板
雷神公司	"首相" I 号	机身
洛克希德·马丁公司	F-35	中机身蒙皮、进气道
波音公司	波音 787	机身
空中客车公司	A380	机身尾段
空中客车公司	A350XWB	机翼前梁
波音公司	747、767	发动机进气整流罩试验件
波音公司、洛克希德·马丁公司	JSF 战斗机	S 形进气道

思 考 题

1. 机器人式自动铺丝机和机床式自动铺丝机相比有什么优点?
2. 铺丝头一般集成哪些功能装置?
3. 长传纱型铺丝机和直传纱型铺丝机各有什么优缺点?

第7章 复合材料热压罐成型技术

7.1 概　述

热压罐成型技术是目前国内外先进树脂基复合材料常见的成型技术之一，热压罐是航空复合材料制品高温固化成型的关键工艺设备。热压罐成型是针对第二代复合材料的生产而研制开发的工艺，形成于20世纪40年代，直到60年代才逐步得到推广使用，主要应用于航空航天、国防、电子、汽车及其他车辆、船艇、运动器材等复合材料领域。热压罐工艺可用于金属/胶接构件和树脂基高强度玻璃纤维、碳纤维、硼纤维、芳纶纤维等复合材料制品的制造，如机身、机翼、整流罩、雷达罩、飞机舱门、支架、尾翼、直升机螺旋桨等。表7.1为热压罐成型复合材料构件在各型飞机中的实际应用情况。

表 7.1　热压罐成型复合材料构件在各型飞机中的实际应用情况

复合材料构件	F-22	F-35	波音 787	A380
机翼	√	√	√	√
机身			√	
扰流板			√	√
方向舱	√	√	√	√
升降舱	√	√	√	√
舱门	√	√		√
襟翼		√	√	√

自20世纪60年代以来，热压成型工艺，尤其是热压罐成型技术有了长足的进步，其构件密实，质量优异，尺寸公差小，模具相对简单，成型工艺稳定可靠，尤其适合大面积复杂型面，如蒙皮、壁板和壳体等结构成型，成为航空航天树脂基复合材料构件成型的主要制造工艺。在融入了大量的自动化和数字化制造技术之后，热压罐成型技术从最初的依靠手工裁剪、样板铺贴发展到和预浸料自动裁剪、激光辅助定位铺贴等数字化制造技术相结合，提高了预浸料裁剪、铺贴的速度和精度，进而提高了复合材料构件的制造效率和质量。热压罐成型技术进一步与自动化铺放技术相结合，满足了大型复合材料构件优质制造的需求。

本章将首先简要介绍热压罐系统的组成，然后重点介绍热压罐成型技术的成型流程、热压罐成型基础研究和热压罐成型工艺的应用与发展。

7.2　热压罐系统组成

作为航空复合材料构件主要生产设备的热压罐，是一个具有整体加热加压功能的大型密闭压力容器，如图7.1所示。

图 7.1　复合材料成型热压罐示意图

为了实现温度、压力和真空等工艺参数的时序化和实时在线检测控制，热压罐通常由多个不同功能的分系统组成，其中包括罐门和罐体、加热系统、鼓风系统、冷却系统、加压系统、真空系统、控制系统、安全系统以及其他机械辅助设备等，其系统结构如图7.2所示。

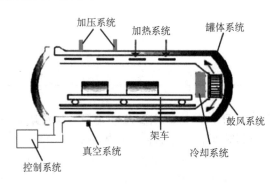

图 7.2　热压罐系统结构

1）罐体系统

罐体系统由罐身、罐门机构、密封电机和隔热层等形成一个耐高压、高温的容器。罐体系统主要功能就是提供一个保持一定压力的工作空间。它通常采用能满足压力容器要求的碳钢制造。热压罐系统压力容器的设计与制造必须满足国家劳动部门的要求（设备设计标准：GB 150—2011），它包括容器制造材料和设计许用应力水平的要求，并必须满足有关部门在热压罐的制造及安装的各项检测（容器检验标准：GB 150—2011、TSG 21—2016 和 NB/T 47042—2014）。在使用过程中，必须接受有关部门的定期检验，以及时发现热压罐的潜在危险因素。

热压罐罐体制造完成并经过安全检测后，就可以着手进行罐内结构的安装，如绝热层、管线工程及其他部件的支撑结构。绝热层的作用是防止热量传递到罐外而减少能量损失，它通常由陶瓷纤维絮片和镀铝钢板或不锈钢板组成。陶瓷纤维絮片紧贴容器内壁，然后在纤维絮片的内侧衬上镀铝钢板或不锈钢板。陶瓷纤维絮片起着防止热辐射损失的作用，也有防止热气体窜入绝热陶瓷纤维层的作用。有了这一内绝热层之后，即使在最高的工作温度下，容器的外表温度也不超过 60℃。

热压罐罐体内部放置模具与零件，罐体内部带有轨道，将零件放置在小车上，小车在轨道上行驶，方便零件出入，轨道需安全可靠，能承受最大装载质量。

2）鼓风系统

鼓风系统由搅拌风机、导风筒和导流罩组成，加速热流传导，形成均匀温度场。鼓风系统的作用是使热压罐内的空气或其他加热介质循环流动，便于温度的均匀分布，以及对模具的均匀加热。热压罐通常采用内置式全密闭通用电机，电机放置于热压罐的尾部，用于热压罐内空气或其他加热介质的循环。风机必须能够有效冷却，且转速可通过计算机控制变频来调节，根据固化过程智能变速，还应该配有电机超温自动保护并报警的装置。在罐内工作空间内的气流速度宜保持在 1～3 m/s，如果气流速度高于 3 m/s，气流可能撕开真空袋，那将对制件的加工造成严重的后果。相反，如果气流速度太低，可能达不到使罐内温度均匀的目的。图 7.3 是热压罐内气体循环图。

图 7.3 热压罐内气体循环图

3）加热系统

加热系统主要组件包括加热管、热电偶、控制仪、记录仪等。加热系统主要用于罐内空气或其他加热介质的加热，通过空气或其他加热介质对模具和零件进行加热。热压罐的加热方式有三种：电加热、高温水蒸气加热和将在外部燃烧室内燃烧产生的热气体直接送入罐内加热。热压罐采用电加热成本较高，工作温度能够达到300℃，直径小于2 m的热压罐通常采用这种加热方式；采用高温水蒸气加热一般工作温度为150～180℃，由于其工作温度低，该加热方式也很少被采用；采用将在外部燃烧室内燃烧产生的热气体直接送入罐内的螺纹状不锈钢合金换热器加热，最高工作温度可达450～540℃，这是大型热压罐最常用的加热方式。

4）加压系统

加压系统由空气压缩机、储气罐、压力调节阀、管路、变送器和压力表等组成压力传送与调控系统。压力系统主要用于罐内压力的调节，空气、氮气和二氧化碳三种压缩气体是热压罐的常用加压气体。在0.7～1.0 MPa的压力范围内，空气是相对低成本的加压气体，而且其工作温度上限通常定在120℃。空气气源的主要弊端在于其助燃性，因此在150℃以上使用是很危险的。氮气气源是热压罐最常用的加压气源，氮气通常以液氮形式储存，在使用时挥发产生压力为1.4～1.55 MPa的氮气。氮气的优点在其抑制燃烧和易于分散到空气中，但氮气的成本较高。另一种常用的气源是二氧化碳,液体二氧化碳挥发气体的压力约为2.05 MPa,其缺点在于二氧化碳密度大，对人体有害并且不易于在空气中分散，因此在使用二氧化碳作加压气源时，热压罐打开后，一定要确认罐内有足够的氧气后方可进入热压罐。

5）冷却系统

冷却系统主要组件包括冷却器、进水及加水截止阀、电磁阀、预冷装置。冷却系统主要用于控制固化完成后的复合材料构件降温。冷却系统通常分为两路：一路用于罐内空气的冷却，一路用于风机等电机的冷却。冷却系统通常配备水冷却塔与水泵，进水口有过滤装置。冷却系统包括主冷和预冷，并可根据热压罐温度状态由计算机控制冷却过程。换热器最低点有排水装置，能将换热器内的余水排净。

6）真空系统

真空系统主要组件包括真空泵、管路、真空表和真空阀。真空系统是热压罐最重要的辅助系统，它为封装于真空袋内的制件提供一个真空环境，使预浸料中的溶剂型挥发分子和反应产生的小分子等被抽出，同时真空袋的存在使静态压力不直接作用在制件上。最简单的真空系统是三通阀体系，三通的一端接真空袋内的制件，一端接真空泵，另外一端通往大气环境。这种真空系统主要用于成型简单的层板或金属黏接等。对于敏感复杂的树脂体系、外形复杂的制件或者高质量要求的制件，就必须使用更为先进的新型真空系统。这种系统完全由计算机操作与控制，它通过两个独立的可调节供给头控制真空袋内的真空度，不同真空度水平的转换由计算机通过热压罐的压力和制件的温度函数控制。在高温树脂体系的加工过程中，这种先进的真空体系是非常必要的。真空泵是真空系统中的一个重要单元。实践证明，水封型真空泵是最可靠的。因为它不会被固化反应产生的挥发性副产物腐蚀，而油泵却容易被这些副产物腐蚀。

7）控制系统

热压罐控制系统分为两部分：一部分是由计算机控制系统控制装置和数据采集，实现热压罐控制过程及互锁保护，具有数据采集、数字显示、存储、打印等功能；另一部分是显示屏控制，应有热压罐的压力、真空度、温度等的图像显示和数据显示。主要的控制方式包括自动控制、手动控制和全自动控制，控制系统要求能够对热压罐的每一个元器件实现有效的监控。可单独对各种参数（温度、压力、真空度、时间）进行快速设定和控制，对各种参数进行实时监控并实时记录和显示。在运行过程中，用户可以对参数进行修改，可选定任意热电偶作为控温的热电偶；可针对每一个单独零件的实时工艺参数进行打印，根据预设质量标准形成质量检测报告，并进行存储和打印。

以上是热压罐的主要结构组成，热压罐的结构组成还应该包括其他重要的辅助系统，如装卸系统和安全系统等。

7.3　热压罐成型技术

7.3.1　热压罐成型流程

热压罐的成型流程主要包括预浸料制备、坯料裁剪、预浸料铺放、传压垫制备、封装、真空度检查、热压罐固化成型、检验、修整装配等步骤。

1）预浸料制备

预浸料制备的方法在第 6 章有过详细介绍，这里不再赘述。

2）坯料裁剪

坯料裁剪即预浸料裁剪，可分为自动裁剪（图 7.4）和手工剪裁（图 7.5）。自动裁剪把预浸料放置在自动裁剪设备上，然后由自动裁床按生成的数模进行自动裁剪、编号和标记。手工裁剪将预浸料根据各层的铺层样板的纤维方向和尺寸进行裁剪，预浸料纤维方向应严格符合样板，裁剪好的预浸料要逐层进行标记或编号，平面放置，纤维零度方向不允许拼接预浸料。

3）预浸料铺放

预浸料铺放分为自动铺放（图 7.6）和手工铺放（图 7.7），其中手工铺放适合小型复杂结构，工程中需激光投影定位，铺放过程中需要预压实（通过抽真空减少铺层中裹挟的空气），自动铺放适合相对简单的大型结构。

图 7.4　预浸料自动裁剪

图 7.5　预浸料手工裁剪

图 7.6　预浸料自动铺放

图 7.7　预浸料手工铺放

4）传压垫制备

对上表面外形要求较高或不易加压的转角处，用未硫化橡胶制备传压垫。制备传压垫时，按构件形状铺贴，压实，同构件一起硫化，也可在构件固化前硫化。

5）封装

构件铺贴完成后，按模具标示位置放置热电偶并用胶带固定铺放各种辅助材料，常用辅助材料分为隔离材料、吸胶材料、透气材料、密封材料和真空袋等。在构件边缘和表面阶差较大处留足够的真空袋余量，以防出现架桥或固化过程中真空袋破裂现象。真空袋用密封胶带压实贴紧，必要时可使用压边条和弓形夹夹持。根据预浸料含胶量选择吸胶材料的厚度和层数，如图 7.8 所示。图示的工艺辅助材料主要功能如下。

（1）真空薄膜与密封胶带。真空薄膜与密封胶带共同构成密闭的真空袋系统。在 100℃ 以下的真空袋材料可用聚乙烯薄膜，200℃ 以下可利用各种改性的尼龙薄膜，而对于高温下成型的聚酰亚胺、热塑性树脂基复合材料成型用的真空薄膜材料需用耐高温的聚酰亚胺薄膜。有时也利用 1～2 mm 厚的橡胶片作为真空袋材料，而且硅橡胶制成的真空袋可以反复多次使用。密封胶条多为橡胶腻子条，如中国航发北京航空材料研究院生产的 XM-37 腻子条，可在 200℃下使用。

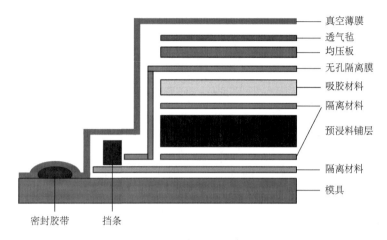

图 7.8　加吸胶层辅助材料组合

（2）透气毡。透气毡的作用是疏导真空袋内的气体，排出真空袋系统，导入真空管路。透气材料通常采用较厚的涤纶非织造布或者玻璃布。尤其是涤纶非织造布成本较低，而且易于操作，但在高温（200℃以上）下则需应用玻璃布。

（3）无孔隔离膜。无孔隔离膜用于零件固化以后与所有辅助材料的分离，通常采用聚四氟乙烯或其他改性氟塑料薄膜作为隔离膜。

（4）吸胶材料。其作用是吸收预浸料中多余的树脂，控制、调节成型复合材料制件的纤维体积含量。常用的吸胶材料有玻璃布、滤纸、各种纤维非织布（如涤纶、丙纶或其他有机纤维）。在 200℃以下成型温度使用最多而且最便宜的吸胶材料是涤纶非织造布。

（5）隔离材料。让复合材料制品表面具有布纹，便于后续黏接或喷漆工序，同时隔离材料应能够从制件表面剥离。通常采用 0.1 mm 的聚四氟乙烯玻璃布作为隔离材料。

（6）挡条。阻止预浸料在固化成型过程中向边侧流散。通常应用一定厚度的硫化或未硫化的橡胶条作挡条。

6）真空度检查

接通真空管路，抽真空至真空度 0.095 MPa 以上，保持 10 min，以关闭真空阀 5 min 后，真空度下降幅度不大于 0.01 MPa 为合格标准。

7）热压罐固化成型

工艺组装后的坯件，送入热压罐，接通真空管路和热电偶，关闭罐门后固化，固化工艺参数按构件制造工艺规范确定。对大厚度构件，在升温加压前，可抽真空（真空压力 0.09 MPa）1～2 h，使铺层密实，具体参数曲线如图 7.9 所示。

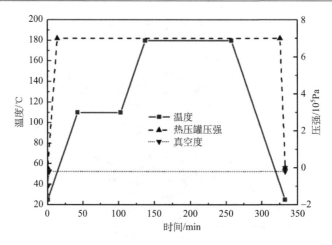

图 7.9　热压罐固化成型工艺曲线

8）检验

使用无损检测手段对固化后的复合材料构件进行检验，评价构件中的缺陷是否在许可范围内。

9）修整装配

用高压水切割装置、手提式风动铣刀或其他机械加工方法去除构件余量。为防止切割时构件分层，在切割部位上、下表面各加一层垫板并夹紧，对构件可起到一定的保护作用。按尺寸要求制孔、扩孔并装配各附件，如加强块、角材等。根据构件材料选择相应的制孔工具，如高速合金钢钻头等。

热压罐成型工艺过程中需要控制的主要工艺参数包括以下各项。

（1）真空度。包容复合材料构件的真空袋内所达到和控制的真空值，加压前应不低于–0.092 MPa。根据成型产品的不同，可在整个工艺过程中保持真空或只在某一阶段保持真空。

（2）升温速率。复合材料构件成型过程的温度上升速率，应控制在 0.5～3℃/min。

（3）加压时机。确定复合材料构件加压最适宜的条件，可分为两种情况：①升温阶段加压，最适宜的温度范围；②恒温阶段加压，自恒温起，最适宜的时间范围。

（4）成型压力。复合材料构件在成型过程中达到或保持的压力。对于一般热压罐，压力应不超过 1 MPa；对于高压热压罐，压力应不超过 3.5 MPa。

（5）固化温度。复合材料构件在固化阶段应达到或控制的温度，该温度主要取决于复合材料所用的树脂体系。

（6）固化时间。复合材料构件在固化温度下保持的时间，主要取决于复合材料所用的树脂体系。

（7）冷却速率。复合材料构件固化结束后恢复到室温的速率，应控制在 2℃/min 以内。

（8）出罐温度。固化完成后复合材料构件可以从热压罐中取出时的最高温度，应不超过 60℃。

7.3.2　热压罐成型基础研究

复合材料热压罐成型工艺方法是迄今为止在航空复合材料结构制造过程中应用最广泛的方法之一。以热压罐成型技术为主制造的航空先进复合材料结构件在各类飞机制造上都不同程度地进入了批量生产阶段，有的型号已生产了数百架份的先进复合材料结构件，并经过了十多年的使用考核，为进一步扩大先进复合材料在飞机上的应用提供了实用的工程经验。但是先进复合材料的制造成本居高不下、批产中质量的不一致性、对先进复合材料特性缺乏足够的认识等问题仍然是阻碍先进复合材料在飞机上扩大应用的主要因素，这也是我国航空先进复合材料与先进国家航空复合材料应用差距巨大的问题所在。因此，立足现有的热压罐法，如何降低其制造成本是我们的当务之急，如选用工艺特性优良的树脂体系、国产辅助材料的采用、成型模具的结构优化以及过程细节的严格控制等，都可以在降低制造成本的同时，明显地提高制件的合格率。

复合材料热压罐成型工艺和其他复合材料制造技术相比，具有以下优点：

（1）罐内压力均匀。因为用压缩空气或惰性气体或混合气体向热压罐内充气加压，作用在真空袋表面各点法线上的压力相同，使构件在均匀压力下成型、固化。

（2）罐内温度均匀。加热（或冷却）气体在罐内高速循环，罐内各点气体温度基本一样，在模具结构合理的前提下，可以保证密封在模具上的构件升降温过程中各点温差较小。一般迎风面及罐头升降温较快，背风面及罐尾升降温较慢。

（3）适用范围较广。模具相对比较简单，效率高，适合大面积复杂型面的蒙皮、壁板和壳体的成型，可用于各种飞机构件成型。若热压罐尺寸大，一次可放置多层模具，同时完成各种较复杂的结构及不同尺寸构件的成型。热压罐的温度和压力条件几乎能满足所有聚合物基复合材料的成型工艺要求，如低温成型聚酯基复合材料，高温和高压成型 PI 和 PEEK 复合材料，还可以完成缝纫/RFI 等工艺的成型。

（4）成型工艺稳定可靠。热压罐内的压力和温度均匀，可以保证成型构件的质量稳定。一般热压罐成型工艺制造的构件孔隙率较低、树脂含量均匀，相对其他成型工艺，热压罐制备构件的力学性能稳定可靠。迄今为止，航空航天领域要求高承载的绝大多数复合材料构件都需采用热压罐成型工艺。

热压罐成型法也有一定的局限性，热压罐固化的缺点主要是耗能高以及运行成本高等。而目前大型复合材料构件必须在大型或超大型热压罐内固化，以保证制件的内部质量，因此热压罐的三维尺寸也在不断加大，以适应大尺寸复合材料制件的加工要求。对于结构很复杂的构件，用该方法成型有一定的困难，同时此法对模具的设计要求很高，模具必须有良好的导热性、热态刚性和气密性。

1. 热压罐成型模具

几乎所有的热压罐成型树脂基复合材料在铺层和固化工艺过程中都需要模具的支撑。对热压罐成型模具的首要要求是模具材料在成型温度和压力下保持适当的性能，同时需要模具具有导热快、比热容低、刚度高、质量轻、热膨胀系数小、耐热、热稳定性好、使用寿命长、制造成本低、使用和维护简便、便于运输等特性，特别是良好的导热性、热态刚性和气密性这三方面，同时对模具的设计要求也比较高。根据使用温度的要求，模具材料可分为以下几类：

（1）树脂基复合材料，用于室温至中温固化的复合材料成型；

（2）金属材料，用于低温至高温固化的复合材料成型；

（3）陶瓷和石墨材料，用于更高温固化的复合材料成型。

同时石膏和木头等低成本材料也被用作复合材料缩比工艺件的模具材料。目前树脂基复合材料构件通常选用金属材料（包括铝、钢、殷钢、镍等）和环氧树脂基碳纤维复合材料来制造成型模具。

1）铝、钢、殷钢模具

由于铝、钢、殷钢等材料具有良好的表面处理性能和可多次重复使用的优点，因此它们是应用最为广泛的树脂基复合材料成型模具材料。钢的加工精度、刚度、强度和硬度都比较高，使用寿命长，适合大多数产品，缺点是密度大，热容量也高。殷钢具有和钢相似的硬度和比铝、钢更小的热膨胀系数，它是最理想的模具材料。相反，铝导热性和加工工艺性好，质量轻，但热膨胀系数相对较大，硬度低导致易受损伤，所以在使用上会受到一定限制。表 7.2 是几种金属模具材料的热膨胀系数。

表 7.2　金属模具材料的热膨胀系数

模具材料	陶瓷	聚酰亚胺	铝合金	碳钢	殷钢	铸铁
热膨胀系数/（10^{-6}/℃）	7.2	4.68	26.2	13.2	1.6	11.1

2）电铸镍模具

电铸镍模具通过电镀工艺将镍沉积在与复合材料制件尺寸相同的石膏母模上（考虑到制件的热变形，可能需要对母模尺寸进行修正），对母模最关键的要求是其在电镀成型过程中必须保持良好的尺寸稳定性。这项技术的主要优点之一是最耗时的工艺过程仅限于母模的制造，而随后的复制过程的操作成本相对较低并具有良好的重现性，一旦生产出模具型面，用标准金属表面抛光技术即可获得良好的高光洁度表面。电铸镍模具主要缺点在于其母模生产成本高。

电铸镍模具有耐久性好、耐划伤和相对易于修复等优点，并与大多数常用复合材料之间具有良好的脱模性。这种模具的最大优点是设计制件的尺寸仅受电镀槽尺寸和母模生产技术的限制。最终的模具通常只有几毫米厚，因此必须将其安装在被称为"蛋架"结构的支撑结构上。如果模具能够承受热压罐成型压力，这种"蛋架"支撑结构的设计能够比实心结构大大减小所需的热量。这使热压罐系统更快地加热和冷却，热固化工艺制度更有效。

3）碳纤维增强环氧复合材料模具

由于金属模具和复合材料的热膨胀系数不匹配，因此碳纤维增强环氧树脂基复合材料模具越来越多地用于热压罐成型中。碳纤维增强环氧树脂基复合材料的热膨胀系数是具有方向性的，可以使模具具有与通过合理设计模制的复合材料类似的热膨胀特性。碳纤维增强环氧树脂基复合材料模具的制造过程与电铸镍模具的制造过程相似。首先，母模由与零件相同的灰泥或木材制成，将母模密封并用脱模剂处理。碳纤维增强环氧树脂预浸料传统上被放置在母模中，并通过热压罐工艺固化和形成。碳纤维增强环氧树脂基复合树脂可以抛光或涂覆在具有高光洁度黏结剂层的母模上，以获得高表面光洁度。碳纤维增强环氧树脂基复合材料模具不仅具有热膨胀系数可设计的优点，而且具有质量轻、易加工等优良性能，其耐用性和耐刮擦性不如钢、镍和其他模具。

4）石墨和陶瓷模具

成型耐热聚酰亚胺和热塑性树脂基复合材料需要耐高温的石墨和陶瓷模具。石墨模具具有低热膨胀系数、质量轻、易于制造和高导热率的优点，最高工作温度可以高达 2000℃，但是石墨模具易碎，只可以重复使用不超过 10 次。陶瓷近些年才开始发展为复合模具材料，它的最大优点是可以通过母模浇铸成型。虽然陶瓷作为复合材料模具非常有意义，并有望在多个方面使用，但尚未在热塑性复合材料零件的制造中得到充分验证，其性能在实际应用中远远没有达到要求。

2. 热压罐成型工艺模型

关于复合材料热压罐成型过程的物理和化学模型有许多报道。所有这些模型的建立是为了了解成型过程中的物理和化学现象以及建立合理的固化周期的工具。以下物理事件主要发生在复合材料热压罐的成型过程中：树脂在纤维束中的流动，以确保树脂完全浸润纤维；纤维网络的压实，使复合材料获得设计的纤维体积含量；树脂基体施加适当的压力，以防止在复合物中形成空隙；在适当的温度循环下，树脂基体将完全固化。

1）树脂流动模型

在通常情况下，树脂在纤维束中的流动行为被处理为流体在多孔介质中的流动行为，可用达西定律描述流动过程。在达西定律的通用形式中，树脂的流动速度取决于施加的压力、树脂的黏度和树脂在纤维束中的渗透率。达西定律可用矢量方程（7.1）表示，即

$$u = \frac{K \Delta P}{\mu} \tag{7.1}$$

式中，u——速度矢量；

$\quad$ K——多孔介质的渗透张量；

$\quad$ ΔP——压力梯度矢量；

$\quad$ μ——流体黏度。

K 是一个二阶张量，它也可以表示为下列形式：

$$K = \begin{bmatrix} K_{xx} & K_{xy} & K_{xz} \\ K_{yx} & K_{yy} & K_{yz} \\ K_{zx} & K_{zy} & K_{zz} \end{bmatrix} \tag{7.2}$$

对于主轴，只有对角线上的分量（K_{xx}、K_{yy}、K_{zz}）是非零数。对于横断面是各向同性的单向层合板，这些方向分别对应于沿纤维方向和横断面上的两个相互垂直的方向。通常，沿纤维方向的渗透率大于横向和复合材料层板厚度方向的渗透率。同时，渗透率也是纤维体积分数、纤维直径和纤维结构的函数。它们之间的函数关系可用科泽尼-卡曼（Kozeny-Carman）方程（7.3）来表示，即

$$K = \frac{r_{\rm f}^2}{4K_0} \cdot \frac{(1-V_{\rm f})^3}{V_{\rm f}^2} \tag{7.3}$$

式中，K——渗透率；

$\quad$ K_0——Kozeny 常数；

$\quad$ $r_{\rm f}$——纤维半径；

$\quad$ $V_{\rm f}$——纤维体积分数。

沿纤维方向流动的 K_0 为 0.5～0.7，沿横断面流动的 K_0 为 11～18。K_0 的实验测定值对实验条件较敏感并有较大的波动范围。实际上，当层板的纤维体积含量接近其理论极限时，其横向和厚度方向的流动会因纤维沿长度方向的相互强制接触而受到阻碍。因此，Gutowski 建议用式（7.4）对横向渗透率的描述来解释这种"停流"现象。

$$K = \frac{r_{\mathrm{f}}^2}{4K_{zz}'} \cdot \left[\frac{\sqrt{\dfrac{V_A'}{V_{\mathrm{f}}}} - 1}{\left(\dfrac{V_A'}{V_{\mathrm{f}}} + 1 \right)} \right]^3 \qquad (7.4)$$

式中，V_A'——层合板的理论极限纤维体积分数（此时树脂横向流动被完全阻碍）；

K_{zz}'——修正的 Kozeny 常数。

Gutowski 等通过实验证明，V_A' 的范围在 0.76～0.82。

从式（7.3）可见，速度矢量也与树脂黏度有关。大多数复合树脂基体具有相对较高的初始黏度，并且当加热时，树脂的黏度会急剧下降，并在某一温度下达到最小值。树脂黏度的这种降低，会完全渗透到纤维中，而坯料中的多余树脂会混入吸收材料中。但是在此温度下，树脂特别容易形成孔，因此在这些条件下施加压力是非常重要的。当然，随着加热过程的继续，树脂的黏度会逐渐增加并最终使复合材料固化。

2）纤维变形模型

树脂趋向于在固化周期的低黏度点流出复合材料坯件，加入吸胶层的目的就是将树脂引导流出复合材料坯件进入吸胶材料层，从而保证树脂浸润纤维并消除复合材料中的孔隙，这将使得制件的纤维体积分数提高，从而缩短纤维之间的距离。当纤维体积分数增大到一定值，就会造成纤维之间的接触，纤维网格就会严重承载并影响树脂的流动。最终可导致树脂基体中的孔隙产生并使材料的力学性能严重下降。对于固化过程中材料的横向压缩行为、压缩应力和纤维体积分数之间有如下函数关系，如式（7.5）所示：

$$\sigma_{\mathrm{b}} = \frac{3\pi E}{\beta^4} \cdot \frac{1 - \sqrt{\dfrac{v_{\mathrm{f}}}{v_0}}}{\left(\sqrt{\dfrac{v_{\mathrm{a}}}{v_{\mathrm{f}}}} - 1 \right)^4} \qquad (7.5)$$

式中，v_{a}——最大可接受的纤维体积分数；

v_0——载荷为零时的纤维体积分数；

β——描述纤维形态的常数。

3）纤维压实模型

在热压罐固化成型过程中，驱动树脂流过压实层进入吸胶层的树脂压力与所施加的压力完全相等。压实模型方程包括控制树脂从复合材料流入吸胶材料的边界条件的定义。树脂流动速度可以表示成树脂的渗透率和黏度，也可以用于解压实模型相关条件的函数方程。对叠层预浸料的吸胶层模型的建立，Springer 建议用式（7.6）表示复合材料厚度（h）变化：

$$-\frac{\mathrm{d}(hA)}{\mathrm{d}t}=\left(\frac{k_{c}F}{\mu h_{1}}\right)\bigg/\left(n+\frac{k_{c}h_{b}}{k_{b}h_{1}}\right) \tag{7.6}$$

式中，A——铺层面积；

$\quad\quad h_1$——单层复合材料厚度；

$\quad\quad h_b$——吸胶层厚度；

$\quad\quad k_c$——复合材料的渗透率；

$\quad\quad k_b$——吸胶材料的渗透率；

$\quad\quad n$——复合材料层数。

再给出黏度随时间变化的信息，就可以计算出单层的压实时间，并由此计算出整个层板的压实时间。

4）孔隙形成模型

孔隙是影响复合材料制件质量的重要因素，通常认为孔隙的形成主要是由于溶解于预浸料中的水分或者小分子挥发成分的存在。实际上孔隙可分为两大类：一类是由纯水蒸气形成的，另一类是在工艺过程中夹杂以空气为核心而形成的孔隙。在实际生产应用中，孔隙会随着蒸气压、空气中的水蒸气分压、气体密度和预浸料中水的扩散系数等参数的变化而变化。

5）传热模型

在复合材料热压罐程序工艺当中，主要有两种传热方式：一种是模具工装内部的传热，另一种是从热压罐的加热单元到制件和模具的传热。在第一种传热模型中，制件内部传热方程（7.7）可表述如下（一般忽略对流传热）：

$$\frac{\partial(\rho c_V T)}{\partial t}=\frac{\partial}{\partial x}\left(K_x\frac{\partial T}{\partial x}\right)+\frac{\partial}{\partial y}\left(K_y\frac{\partial T}{\partial y}\right)+\frac{z}{\partial z}\left(K_z\frac{\partial T}{\partial z}\right)+\frac{\mathrm{d}H}{\mathrm{d}t} \tag{7.7}$$

式中，K_x、K_y、K_z——复合材料各个方向的热导率；

$\quad\quad \rho$——密度；

$\quad\quad c_V$——比热容；

$\quad\quad \mathrm{d}H/\mathrm{d}t$——复合材料固化放热速率。

只要给定热压罐边界条件及有关材料参数，即可求解制件内部各点的温度分布。对于大多数热压罐，均具有气体搅拌装置，因此从加热元件到工件有两种传热模式：循环介质的强制对流传热和来自热压罐内墙的辐射传热。在许多热压罐工艺的传热分析中，常常忽略对复合材料工件的辐射传热，但近些年有人认为它也是热压罐内传热的一个重要部分。

7.4　热压罐成型技术的应用与发展

热压罐成型工艺主要应用于航空航天以及一些性能要求较高的产品上，如 Premium AEROTEC 公司生产的 A350 飞机的碳纤维翼板，GKN 为 A350 生产的复合材料机翼，哈飞空客复合材料制造中心承担的 A350XWB 工作包和 ACG 公司提供的预浸料可以用于侧壁和顶棚板、隔板、组合部件、行李舱地板等，很多都是通过热压罐工艺成型。复合材料热压罐成型工艺的产品不仅在航空航天领域应用广泛，还广泛应用于体育产品（雪橇）、风力发电机、轨道交通（磁悬浮列车的车头）、高档赛车和船舶舰艇等领域。

自 20 世纪 60 年代以来，国内的热压罐成型工艺技术得到很大的发展，随着时代的发展，21 世纪国内最新的先进复合材料热压罐成型工艺研究发展的方向如下。

1）工艺研究进展

共固化以及共胶接是现阶段热压罐成型工艺在整体成型技术当中所使用的两种主要形式，这不仅可促使零件以及紧固件数目在原有基础上不断减少，同时也促使复合材料实现一体化成型的目标。结构设计到制造都可顺利完成，这对翼身融合气动布局目标的实现有极大的促进作用，并且最大限度地增加机体表面光滑以及完整程度，改善构件加工损伤的问题。在减轻飞机结构质量方面，上述方法也起着相当重要的作用，并且促使其制造成本得到真正意义上的降低，最为关键的是，各个构件以及区域之间连接的制造质量可以得到有效保障。

2）热压罐温度场研究进展

通过对热压罐温度场分析可以发现，进风端处是升温时模具处于高温区域的主要原因，但是模具中间位置被低温区域占据。所以说降温结论以及升温结论在整体上呈现出一种相反的关系，这是针对框架式模具温度变化进行一系列模拟以及测试实验后所得出的结果。这可充分说明温度不均匀会直接导致早期破坏现象的出现，这也是复合材料在使用过程当中不能实现对质量保障的主要原因。尤其是会影响复合材料构件的整体质量。为了在真正意义上实现对上述现象的改善，可借助有效传感器和调和剂对固化工艺进行进一步强化以及智能优化目标，该方法主要是利用碳纤维实现对树脂基复合材料的有效增强。利用 CATIA 软件建立了热压罐模型，并用 FLUENT 软件进行了温度场的模拟，运用控制变量法发现：气流流速增加，可减小工装表面的温差；升温速率的增加，降低制品质量；低比热容、高热导率的工装材料，有利于提高制品质量。

3）热压罐模具的研究进展

由于某些模具的结构复杂，需要利用软件数值模拟，因此采用数字化设计和加工将极大减少模具制造的时间，并且能优化模具，从而提高热压罐成型工艺制品的质量。模具的热传导性能不佳，会使构件发生变形；模具的膨胀系数对尺寸较大的构件影响较多；模具的结构形式影响构件表面温度的分布。利用 CATIA 软件对复合材料 U 形梁成型模具及模具材料进行选择，并对材料的热膨胀系数、结构形式、回弹角以及脱模等因素进行了优化设计。目前，模具数字化制造可采用的方法主要有 CAPP 数控加工和数字化检测。

4）综合工艺的发展

人工形式是预浸料下料和铺叠使用的主要方法，但是这种操作方式存在一定的缺陷与不足，如效率较低、资源浪费率较高和需要耗费大量的时间。在结合实际的基础上，科学使用自动铺带技术是改善上述现象的重要手段，该技术主要将数控技术作为基础与前提，然后在科学使用数控技术的基础上，利用隔离背衬纸单向预浸料原理实现对预浸带一系列作业的完成，其中主要包括裁剪定位以及铺叠等，进而实现到模具表面数字化技术的直接跨越。在科学使用该技术的同时，人工操作以及劳动力成本都会得到最大限度的减少，并且有效改善原材料浪费现象。但是我国在应用该项技术过程当中并没有实现大面积推广的目标，尤其是在昂贵维护费用的限制之下，该项技术普及程度较低。大型连续生产企业是该基础应用的主要范围，科研或者小型企业可结合人工的方式进一步创新自动铺带技术，实现与自身发展实际之间的相适应。

热压罐成型工艺是航空领域复合材料不可缺少的组成部分，同时在其中占据重要位置。在不断补充的理论知识影响之下，竞争激烈的市场环境对传统工艺提出全新的要求与挑战。热压罐工艺流程可在不断优化调控的基础上，实现对自身的最大限度提升。尤其是在性能检测过程当中，可通过对热压罐成型工艺温度场的模拟，实现对复合材料构件质量最大限度的提升，这也是保障其工作效率的重要手段，所以对该项工艺进行研究具有重要的工程意义。

思　考　题

1. 复合材料热压罐由哪些系统组成，每个系统的具体作用是什么？

2. 简述一下热压罐的工作原理。

3. 热压罐成型的流程可以分为哪几步？

4. 在热压罐成型的流程中，预浸料制备的三种方法是什么，各有哪些优点和缺点？

5. 在构件铺贴过程中需要哪些辅助材料，它们的作用是什么？

6. 复合材料热压罐成型工艺和其他的复合材料制造技术相比，具有哪些优缺点？

7. 常见的热压罐成型模具有哪些，它们有哪些优点？

8. 复合材料热压罐成型过程中会发生哪些物理事件？

9. 常见的复合材料热压罐工艺模型有哪些？

10. 谈谈你对未来复合材料热压罐成型工艺发展方向的看法。

第8章 复合材料固化炉成型技术

8.1 概　　述

复合材料固化炉成型技术是树脂基复合材料固化成型的一种最普遍通用的成型方法。固化炉成型技术的最大优点在于它能在很大范围内适应各种材料对加热工艺条件的要求，几乎能满足所有的聚合物基复合材料的成型。

固化炉是传统的固化设备，投资少并可做成不同的形状和尺寸。用固化炉固化时，所需固化压力由收缩袋或空气袋提供。在许多情况下，如对于绕管或另外一些圆形制件，固化过程中制件应保持转动以减少下垂和树脂滴落。在烘箱固化中，能耗花费要高于其他许多方法，因为不但要加热制件，还要加热周围的空气以及辅助设备如芯模和支撑体等。另外，大的固化炉要占用较大的空间，固化速度和固化温度由树脂的交联反应特性决定。

固化炉系统构成如图 8.1 所示。在复合材料制品的固化工序中，根据工艺技术要求，完成对制品的加热，达到使制品固化的目的。

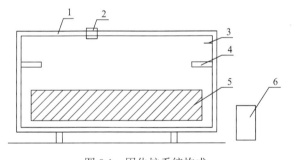

图 8.1　固化炉系统构成

1. 保温层；2. 风机；3. 热电偶；4. 旋转电机；5. 加热板（管）；6. 控制系统

8.2　固化炉系统组成

固化炉主要由保温隔热系统、加热系统、风机系统、温度检测系统、控制系统、旋转电机、安全系统以及其他机械辅助设施等部分构成。

8.2.1　保温隔热系统

固化炉的内外壁一般采用冷钢板或者不锈钢材料，外表面做喷漆处理。内外壁之间有保温材料。由于固化炉工作时温度较高，固化炉的保温材料一般采用耐高温特性的材料，如硅酸铝棉、玻璃棉、岩棉等。

1）硅酸铝棉

硅酸铝棉纤维是由喷吹或甩丝法生成的纤维，经集棉器或沉降装置集结成的散装纤维，又称原棉纤维或陶瓷纤维，是一种新型轻质耐火材料。如图 8.2 所示，该材料具有质量轻、耐高温、热稳定性好、热传导率低、热容小、抗机械振动好、受热膨胀小、隔热性能好等优点。经特殊加工，可制成硅酸铝纤维板、硅酸铝纤维毡、硅酸铝纤维绳、硅酸铝纤维毯等产品。

图 8.2　硅酸铝棉

硅酸铝棉材料具有耐高温、导热系数低、容重轻、使用寿命长、抗拉强度大、弹性好、无毒等特点，是取代石棉的新型材料，广泛用于冶金、电力、机械化工的热能设备上。硅酸铝棉性能如表 8.1 所示。

表 8.1　硅酸铝棉性能规格表

性能	指标
容重/（kg/m³）	≥100
阻燃性	A
导热系数/[W/（m·℃）]	20℃时，≤0.034；400℃时，≤0.09
最高使用温度/℃	1050
含水率/%	≤1
渣球含量/%	11
耐酸系数	≥1.5
氯离子含量/（mg/kg）	≤5

2）玻璃棉

玻璃纤维保温棉是一种性能优异的无机非金属材料，优点是绝缘性好、耐热性强、抗腐蚀性好、机械强度高，缺点是耐磨性较差。如图 8.3 所示，它是以玻璃为原料经高温熔制、拉丝、络纱、织布等工艺制成的，其单丝的直径为几微米到二十几微米，相当于一根头发丝直径的 1/20～1/5，每根纤维原丝都由数百根至上千根单丝组成。玻璃棉内部纤维蓬松交错，存在大量微小的孔隙，是典型的多孔性吸声材料，玻璃纤维保温棉主要用于高层建筑的内隔间、铁灰风管内的保温、机房内的声降等。

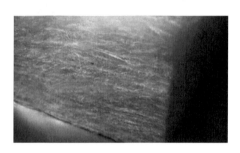

图 8.3　玻璃纤维保温棉

玻璃纤维保温棉的特点：

（1）玻璃纤维保温棉绝热性好，气体的导热率小，玻璃纤维耐温隔热棉具有细小气体孔，且纤维呈不规则排列，导热系数 0.03 W/(cm·K)。

（2）不会燃烧，具有不燃性、无变形、无脆化，耐高温可达 700℃，经检测燃烧性能达 A1 级。

（3）玻璃纤维保温棉不含任何黏结剂，没有任何气味，环保无毒。与传统的玻璃棉、岩棉制品相比，遇高温时不会发出任何有毒、刺鼻的烟味。

（4）玻璃纤维保温棉绝缘性高，玻璃纤维是最佳的绝缘材料。

（5）耐腐蚀性高，玻璃纤维不怕强酸，具有良好的尺寸稳定性。

（6）玻璃纤维保温棉恢复性好，玻璃纤维内含无数固定气穴，复原性极好。不怕任何冲击振动，抗拉强度均达到 1.0 kg 以上。

（7）玻璃纤维保温棉吸湿率低，吸湿率通常接近于零。

3）岩棉

岩棉是以玄武岩为主要原料而生产的绝热材料，其主要生产工艺：玄武岩经过高温熔化成液态，经过离心工艺生产出具有一定长度、密度的轻质纤维，然后固化、成型，从而获得不同容重、规格的岩棉制品。如图 8.4 所示，岩棉除增加了必要的酚醛树脂外，其主要成分和玄武岩的成分基本一致，主要是二氧化硅、氧化铝、氧化铁、氧化钙、氧化镁，其中二氧化硅含量最多，占 40%～50%。岩棉具有质地柔软、容重轻、保温、隔热性能好、导热系数小、耐热性强、隔音、防水、抗酸碱、抗腐蚀及化学性能稳定等优良性能。

图 8.4　岩棉

8.2.2　加热及循环系统

固化炉加热方式包括加热管加热、红外管加热、红外炉加热和电感加热等，其中加热管加热最为普遍。在电加热方式的固化炉中，为使炉内温度分布均匀，一般配有鼓风机进行鼓风循环。

红外线加热炉电能除一部分直接转化成热能以对流方式传热外，还有一部分红外线能以辐射的方式传热。但由于固化炉内温度分布不均匀，距离高热源越远温度越低，所以固化效果会有差别。

热风加热包括用燃烧煤气、天然气、油煤产生的热风等进行固化加热。热风固化炉的优点是炉内温度分布比较均匀，温度易于控制，适用于各种形状和尺寸的固化加热。但由于热风的传热作用是由表及里进行的，所以固化速度较慢。另外热风炉中的燃烧残余物和空气中的粉尘容易污染固化零件。采用哪种热源，应根据本地能源的实际情况决定，如在电力资源丰富、价格便宜的地区宜用电加热。在电力紧张而油气资源来源相对丰富的地区可采用油加热或可燃气体加热，而烧煤加热炉成本较低，但存在温度不易控制、产品质量易受燃烧残余物和粉尘污染影响的问题，所以只在其他能源紧张的情况下采用这种加热方式。

电加热系统主要组件包括加热管、热电偶、控制仪、记录仪等。加热管分布在炉体尾部，加热管要满足腔体的最高温度要求以及升温速率的要求。固化炉主要通过空气或其他加热介质加热，使空气或其他加热介质对模具和零件进行加热。固化炉通常采用电加热的方式加热元件管道，材质通常为耐高温、耐腐蚀材料，且要求有短路、漏电保护。

为了保证固化炉内温度场的均匀性和加工制件的热传导，保证炉内气体的循环流动，循环系统是非常必要的。风机系统作用是使固化炉内的空气或其他加热介质循环流动，便于温度的均匀分布，以及对模具与零件的均匀加热。安装在固化炉后部的鼓风机是完成气流循环流动的主要设备，在固化炉内工作空间内的气流速度最好保持在 $1\sim3$ m/s。固化炉通常采用内置式全密封通用电机，放置于固化炉体的尾部，用于固化炉内空气或其他加热介质的循环。风机必须能够有效冷却，且转速可通过计算机控制，根据固化过程智能变速，还应该配有电机超温自动保护并报警。

8.2.3　控制系统

控制系统由温度记录仪、各种按钮、指示灯、超温报警器、计算机系统等构成。主要分为两部分：一部分由计算机控制系统，控制固化炉内装置及数据采集，实现固化炉控制过程以及起到保护作用，具有数据采集、数字显示、存储、打印等功能；另一部分由显示屏控制，包括固化炉的温度等数据的图像显示和其他参数的数字显示。控制系统主要的控制方式包括自动与手动控制。其中，自动控制采用计算机控制，手动控制采用触摸屏控制，手动控制包括在计算机系统中，控制系统还应配有自动控制与手动控制的切换装置。控制系统要求能够对固化炉的每一个元器件（包括所有的阀、电机、各类传感器以及热电偶）实现有效的监控。可单独对各种参数（温度、电机转速、时间）进行快速设定和控制。对各种参数进行实时监控并实时记录和显示。在运行过程中，用户可以对参数进行修改，可选定任意热电偶作为控温的热电偶，可针对每一个单独零件的实时工艺参数进行打印，根据预设质量标准形成质量检测报告，并进行存储和打印。

8.2.4　安全系统

固化炉的安全系统应该包括以下几个方面：

（1）应具有超温、风机故障的自动报警、显示、控制功能。

（2）能够对温度、电机、风机等的报警参数及保护极限参数进行设置，当运行的程序数据指标超出设置的温度时即报警，达到所设定的保护极限参数时，整个系统针对该项报警应具有自动切断保护功能。

（3）炉内未恢复到常温时，炉门不能打开。

（4）固化炉在明显位置张贴安全标识。

（5）配有辅助设施，包括炉内装料的小车、相应的阀架、真空用金属软管空压机等。

8.3　固化炉成型技术

8.3.1　固化炉成型流程

固化炉成型工艺可以对湿法缠绕、干法缠绕、半干法缠绕、预浸料等进行固化成型，适应能力较强。

1. 固化炉成型产品

1）湿法缠绕产品

湿法缠绕成型工艺是将连续玻璃纤维粗纱或玻璃布带浸渍树脂胶后，直接缠绕到芯模或内衬上而成型，然后再进行固化的工艺。湿法缠绕工艺设备比较简单，对原材料要求不严，便于选用不同材料。因纱带浸胶后需要马上缠绕，对纱带的质量不易控制和检验，同时胶液中尚存大量的溶剂，固化时易产生气泡，导致缠绕过程含胶量不容易控制，固化过程中需要在固化炉中旋转固化，避免树脂流动不均匀。

2）干法缠绕产品

干法缠绕成型是将连续的玻璃纤维粗纱浸渍树脂后，在一定的温度下烘干一定时间，除去溶剂，缠绕时将预浸纱带按给定的缠绕规律直接排布于芯模上而成型。采用该法制成的制品质量比较稳定，工艺过程易控制，设备比较清洁。缠绕速度较高，且工艺过程易控制。这种工艺方法容易实现机械化、自动化。该工艺要求所使用的固化剂在纱带烘干时不易升华或挥发，特别是采用高温固化的树脂基体系统，常常易出现制品内层贫胶，外层富胶，有的表面有较多甚至较大的气泡，表面不光滑。干法缠绕采用预浸带在干法缠绕机或者铺丝机上进行缠绕成型，缠绕设备较复杂，投资较大，固化成型效果较好。

3）预浸料成型产品

预浸料是复合材料固化炉成型的主要原材料，它是复合材料制造过程中的一种半成品。预浸料通常定义为纤维（连续单向纤维或各种状态的织物等）浸渍某种树脂后形成的片状材料。预浸料的组成和质量从根本上决定了复合材料制件的力学、物理和化学性能等。预浸料的主要成分是纤维和树脂体系，纤维包括各种形式的碳纤维、玻璃纤维、有机纤维（如芳纶、涤纶等）、硼纤维等。树脂体系包括各种热固性树脂的单体或预聚体，如不饱和聚酯树脂、环氧树脂等，以及各种热塑性聚合物（如 PP、PE、PET、PEEK、PEI 等）。预浸料尤其是单向纤维预浸料的突出优点在于它可按复合材料制件的力学、物理及化学性能要求进行铺层设计，调整复合材料增强纤维的角度、单层厚度和层数等，充分展示树脂基复合材料的可设计性。预浸料种类繁多，可以按照不同的标准进行分类，如可以按照增强材料的物理形态、纤维种类和基体种类分类，也可以按照预浸料的制造方法分类。

2. 工艺辅助材料

1）真空袋薄膜

真空袋薄膜是复合材料构件固化成型的工艺辅助材料，在一定环境条件下可形成并保持真空状态的薄膜材料，其功能是形成真空体系，如图 8.5 所示。其可以提供良好的覆盖性，并在固化温度下不透气。它是真空封装系统最外一层包覆材料。真空袋薄膜是将构件毛坯和各种工艺辅助材料包覆在一个真空系统中进行成型固化反应使用的一种材料。真空袋薄膜通常由尼龙经过吹塑或铺塑成型制成，一般要求真空袋的伸长率不小于 400%。它的存放期一般为一年，典型的真空袋薄膜有美国 Richmond 生产的 HS6262、HS8171 和 HS800 等。

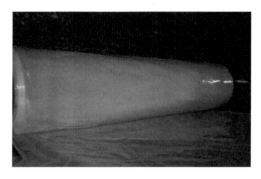

图 8.5　真空袋薄膜

2）密封胶带

密封胶带如图 8.6 所示，是一种有黏性的挤出橡胶带，适用于各种成型模具，能牢固地黏接真空袋薄膜和模具，可以保证固化炉成型过程中真空袋的气密性。要求固化成型完毕后，在成型模具上不残留密封材料残渣，且能容易剥取下来。

图 8.6　密封胶带

3）脱模剂

脱模剂如图 8.7 所示，是一种为使制品与模具分离而附于模具成型面的物质，其功能是使制品顺利地从模具上取下来，同时保证制品表面质量和模具完好。脱模剂主要有如下种类：

（1）薄膜型脱模剂。主要有聚酯薄膜、聚乙烯醇薄膜、玻璃纸等，其中聚酯薄膜用量较大。

（2）混合溶液型脱模剂。其中聚乙烯醇溶液应用最多。聚乙烯醇溶液是采用低聚合度聚乙烯、水和乙醇按一定比例配制的一种黏性、透明液体，干燥时间约30 min。

（3）蜡型脱模剂。这种脱模剂使用方便，省工省时省料，脱模效果好，价格也不高，因此应用也广泛。

图 8.7　脱模剂

4）隔离膜

隔离膜如图 8.8 所示，隔离膜的用途是防止辅助材料与复合材料制件粘连，主要起到抑制流胶作用。隔离膜分为有孔和无孔两种，有孔薄膜适用于成型工艺过程中吸出多余树脂基体材料或排出气体，一般用于成型材料和吸胶毡或透气毡之间。

图 8.8　隔离膜

5）透气毡

透气毡如图 8.9 所示，是为了连续排出真空袋内的空气或固化成型过程中生成气体而生产的一种通气材料，通常与隔离膜并用，不直接与复合材料制件接触。

图 8.9　透气毡

6）脱模布

脱模布如图 8.10 所示，置于模具与毛坯零件之间防止树脂与模具相粘的材料，其作用主要是方便脱模，保证构件型面光滑。脱模布是在玻璃布一面涂聚四氟乙烯，一面涂压敏胶制成的，一般可多次使用。

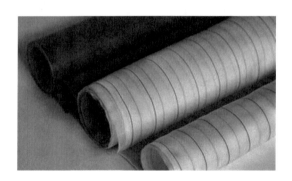

图 8.10　脱模布

7）压敏胶带

压敏胶带如图 8.11 所示，其主要用途是将隔离膜、透气毡、吸胶毡等复合材料成型辅助材料固定于成型模具上。要求压敏胶带具有很强的黏结力，固化后在成型工装模具表面不留有黏结剂的残渣。

3. 待固化产品装袋

1）湿法缠绕及干法缠绕装袋

缠绕成型的产品一般为轴对称回转体，最内层为内胆，复合材料层缠绕在内胆上，在复合材料外面铺贴隔离膜及透气毡，最后再用真空袋密封进行抽真空处理。组合顺序如图 8.12 所示。

图 8.11　压敏胶带

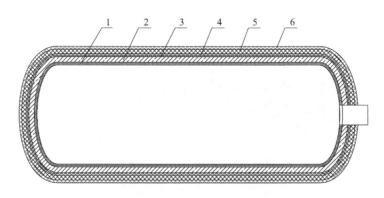

图 8.12　缠绕辅助材料组合图

1. 内胆；2. 复合材料缠绕层；3. 有孔隔离膜；4. 吸胶材料；5. 透气毡；6. 真空袋

2）预浸料铺贴装袋

在模具上按照图 8.13 所示顺序，将制件预浸料坯件和各种辅助材料进行组合并装袋。在组合过程中，各种辅助材料必须铺放平整，否则可能会使制件出现压痕。在装袋过程中，要确认真空袋与周边密封胶条不漏气后方可关闭热压门等待升温。同时真空袋的尺寸不宜过小，以防在抽真空和加压过程中真空袋破裂。

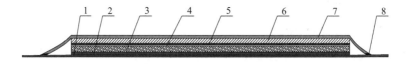

图 8.13　铺层辅助材料组合图

1. 模具；2. 无孔隔离膜或脱模布或脱模剂；3. 复合材料缠绕层；4. 有孔隔离膜；5. 吸胶材料；6. 透气毡；7. 真空袋；8. 密封胶带

4. 抽真空与检漏

在产品推进固化炉之前，可以在模具上安装热电偶，便于在零件固化过程中监测模具的温度。在安装热电偶前应该对热电偶线路进行检查，防止固化过程中热电偶发生故障，可在相同位置安放两个热电偶。对于没有测试热分布的工装，可将热电偶放在制件两个对角的余量处。热电偶放置好以后，注意记录每个热电偶的编号以及安放位置。

每个真空袋至少连接一个真空管路和一路真空测量管路。真空测量管路应尽量远离抽真空管路，真空测量管路不允许以任何方式连通外界空气。抽真空管路连接好以后，进行抽真空。抽真空过程要注意速度缓慢，使真空袋与零件完全贴合，如图 8.14 所示。

图 8.14　抽真空图

抽真空后，需要对真空袋进行泄漏检测。在泄漏检查前，抽真空时间应保持在 15 min 以上。泄漏检测时，先关闭真空系统，检查真空表或真空显示器，应保证 5 min 内真空表或真空显示器数据读数下降不应超过 0.017 MPa。如果真空检测不合格，需要仔细检查真空袋的漏点，并用密封胶条密封漏气处。如果检查不出漏点，但真空检测仍然不合格，需要重新装置真空袋，避免在零件固化过程中的爆袋导致零件的报废，引起更多的损失和浪费。

5. 固化

零件的固化应该按照相应规范中的固化曲线进行。按固化台阶来分，可分为单平台固化、双平台固化和多平台固化。升温和降温速率等于任意 10 min 内单个热电偶测量的温度差除以测量所经过的时间。每个代表零件温度的热电偶的加热和冷却速率都应该在要求的速率范围内，建议的加热速率应小于 3℃/min。

关闭固化炉门并推上安全锁以后，需要根据预浸料固化制度设定固化曲线，主要包括温度以及保温时间、升温和降温的速率以及升压和降压的速率，此外还有温度传感器的设定。固化曲线设定好以后即可开始运行曲线，在运行曲线之前需要打开主控制界面和风机。

6. 脱模

零件固化完成以后，注意需要将零件温度降到 60℃ 以下，才可以将零件从固化炉内取出。在零件脱模过程中，可以使用楔形脱模工具辅助脱模，由于金属工具可能对零件或工装带来损伤，应采用木质或塑料工具，禁止使用金属工具。在脱模操作中，要特别小心，不要损伤零件或工装。

7. 零件检测

零件固化完成以后，需要对零件进行表面及内部质量检测，确保零件偏差满足接收限的要求。最后，每个完工的零组件，都要按照一定的方法进行标识。复合材料制件无损检测设备主要配置大型超声 C 扫描设备和 X 射线无损检测设备。此外，激光剪切摄影及激光超声检测也是主要的发展方向。在超声检验技术方面最重要的进展之一是相控阵检验的开发。相控阵超声检验与传统超声检验相比，改进了探测的效率，并明显加快了检验速度。传统的超声检验要用许多个不同的探头进行综合性的体积分析，而相控阵检验用一个多元探头即可完成同样的检验。这是由于每一个元素探头都可以进行电子扫描和电子聚焦，每个元素探头的启动都有一个时间上的延迟。其结果是合成的超声速的入射角可以变化，焦点深度也可以变化，这就是说体积检验的速度比传统法快得多。

8.3.2　固化炉成型基础研究

1. 复合材料结构件整体固化成型

共固化是指 2 个或 2 个以上的预成型件经过一次固化成型为一个整体构件的工艺方法。共固化的优势在于：只需要一次固化过程，工艺经济性好；不需要装配组件间的协调，共固化构件的结构整体性好。其局限性主要表现在：共固化对模具设计、制造的精度要求严格，模具一般采用复合材料模具或因瓦合金模，模具成本高；共固化对树脂的工艺性要求比较高，适合中、低温及小压力条件下固化的树脂体系，对于夹层结构构件，共固化成型要求树脂黏性较大；共固化构件工艺技术要求颇高，工艺风险较大；共固化构件的尺寸精度控制难，不适合结构复杂的构件。

复合材料的共固化成型技术，可以大量减少零件和紧固件数目，从而实现复合材料结构从设计到制造一体化成型的相关技术，能够有效减少装配步骤，降低成本和复杂性，并提高产品质量。复合材料构件自身的设计与制造特点也易于实现整体化和大型化。在复合材料结构的设计和制造过程中，大型连接而成的部件或整体制造的大型零部件减少了劳动力，消除或显著减少所需紧固件和配合孔的数量，同时还具有减重、取消轴向接头、减少装配误差等益处。另外，零部件数量的减少不仅使供应链的复杂性和装配流程有所简化，还对制造过程的上游也有益处，固定设备和合同工装的投入将显著减少或取消。将几十甚至上百个零件减少到一个或几个零件，减少分段、对接，节省装配时间，可大幅度地减轻结构质量，并降低结构成本，而且充分利用了固化前复合材料灵活性的特点。国内外航空领域广泛地采用整体成型复合材料主构件，如诺斯罗普·格鲁曼公司的 B-2 轰炸机、波音公司的 787 飞机和洛克希德·马丁公司的 F-35 战斗机均在机身和机翼部件中大量运用整体成型复合材料。复合材料构件逐渐向整体化和大型化的结构发展成为必然趋势，复合材料整体成型技术具有诸多优点，对于扩大复合材料在航空领域的应用具有深远的意义。

（1）复合材料整体固化成型减少了结构的分段和对接，从而大幅度地减小了结构质量。由于复合材料的成本最后是以单位质量进行计量，因此减轻质量一定会带来成本降低的直接效应。

（2）降低装配成本，提高装配的效率和质量，整体成型技术可以将几十万个紧固件减少到几百或几千个，从而可大幅度地减少结构质量，降低装配成本，进而降低制件总成本。众所周知，在复合材料承力结构的机械连接中，所用紧固件特殊，多为钛合金紧固件，成本较高，施工中钻孔和锪窝难而慢，须用特殊刀具，容差要求严、成本高；装配中要注意防止电化腐蚀，必须湿装配，耗时费力、成本高。大量减少紧固件的结果必然减轻结构因连接带来的增重，减少诸多因连接带来的种种麻烦，最终获取的效益是降低成本。在装配阶段，由大型连接而成的部件或整体制造的大型零部件减少了劳动力，消除或显著减少了配合孔的数量，同时还具有减重、取消轴向接头、减少装配误差等益处。另外，零部件数量的减少使供应链的复杂性和装配流程也有所简化。这些对于装配效率的提高以及制件的最终质量的提升都有重要的贡献。

（3）有利于实现翼身融合的设计，推进飞机的整体结构设计和整体制造的设计理念，这一技术将可能对飞机升力和燃油效率的提高有促进作用。由于复合材料整体成型技术的发展，翼身融合设计更易实现。如美国的无人作战飞机 X45-A，即采用高度翼身融合体的无尾式飞翼布局，复合材料占机体结构的比例超过 50%，大部分构件由整体成型技术制成；另外无人作战飞机 X-47A 采用高度翼身融合体的无尾飞翼式布局，机身结构采用全复合材料构造，沿中轴线上下分 4 大块，充分发挥了复合材料整体成型的技术优势。

（4）有效降低雷达反射面积，提高飞行器隐身性能。由于采用整体成型的复合材料结构，大大减少了传统机身结构上存在的大量缝隙、台阶、紧固件头，同时整体成型更有利于机身的扁平设计与制造，这将有效降低飞机雷达反射面积。同时采用整体成型技术，可以将吸波材料融合在机体结构外表和内部，实现机体结构对雷达波的吸收，也可以提高飞机的隐身性能。B-2 轰炸机是当今世界上唯一一种隐身战略轰炸机，机身采用隐身复合材料制造，最主要的特点就是低可侦测性，即俗称的隐身能力，能够使它安全地穿过严密的防空系统进行攻击。

2. 复合材料固化变形研究

固化阶段是影响复合材料制品质量的关键环节之一。热固性树脂基复合材料的固化过程是树脂发生交联反应由液态经历高弹态转变成玻璃态的过程。在升温固化及冷却过程中，由于材料的热胀冷缩效应、树脂基体的化学收缩效应以及复合材料与模具材料热膨胀系数不匹配等因素的影响，复合材料内部的温度场和固化度场分布不均匀，故复合材料会发生不同程度的热膨胀和固化收缩，从而引起热应力和固化收缩应力。固化完成后一部分应力得到释放，另一部分就以残余应力的形式留在了复合材料中，这些内应力的存在对复合材料力学性能有着很大的影响，特别对厚板构件而言，内应力有可能导致复合材料板弯曲、基体开裂以及分层现象发生，最终导致构件在脱模之后的变形，通常称之为复合材料的固化变形（图 8.15）。尤其是对于尺寸较大、结构复杂的构件，固化变形会产生装配应力，减小复合材料结构强度和疲劳寿命，甚至直接导致构件报废。对复合材料构件的固化变形进行控制，是复合材料整体结构设计和成型的关键技术之一。

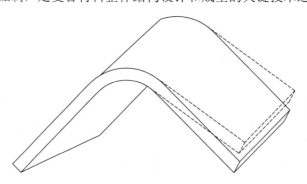

图 8.15　固化翘曲变形示意图

为了减小固化变形，传统方法是根据经验和工艺试验结果，对固化工艺进行反复调整或对模具型面进行补偿性加工以抵消变形的不利影响，如图 8.16 所示。但这种方法费时费力，特别是对于大型的复杂构件，模具加工以及修正需耗费大量的时间和材料，成本高，效率低。对复合材料整体化成型构件，要想保证制造质量的同时又能最大限度地降低成本，其关键问题就是建立一套可靠的固化变形分析和预测方法来代替反复的试验过程。随着计算机技术的不断发展，数值仿真代替试验成为可能。通过对固化过程的虚拟设计来预测构件的固化变形，然后对工艺参数和结构参数进行优化设计，可以大大地减小时间和原材料的消耗，达到降低生产成本的目的。

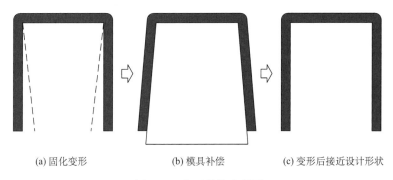

(a) 固化变形　　　　　　　(b) 模具补偿　　　　　　(c) 变形后接近设计形状

图 8.16　变形补偿流程图

1）复合材料固化变形的影响因素分析

复合材料的固化过程是物理化学变化相互作用的过程，其本质是一个具有非线性内热源的热传导问题，内热源是树脂发生交联反应所释放的热量。在此期间，树脂发生交联反应由液态转变为具有三维网状结构不溶的玻璃态，树脂密度、热传导系数、比热容以及弹性模量等材料性能都发生了急剧的改变。由于热膨胀系数不匹配、树脂基体化学收缩以及模具与构件间相互作用等因素的影响，复合材料内部温度和固化度分布不均，产生热应力和化学收缩应力，最终导致了构件的固化变形。引起固化变形的主要原因有：纤维和树脂基体热膨胀系数不一致，树脂固化体积收缩以及模具与复合材料构件间的相互作用。对于典型复合材料构件，三者的影响比重如图 8.17 所示。

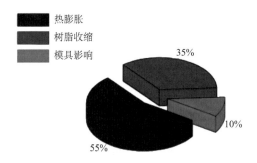

■ 热膨胀
■ 树脂收缩
■ 模具影响

35%

10%

55%

图 8.17　固化变形影响因素比重

固化变形的影响因素可以大致分为内因和外因两大类。其中，内因主要包括材料特征、几何尺寸等与结构设计相关的因素，如材料导热系数、纤维体积分数、铺层取向以及构件厚度、拐角半径等。外因主要包括固化参数、模具等与工艺过程相关的因素，如固化温度、升降温速率以及模具与构件的相互作用等。

复合材料是由增强相和基体相组成的两相材料，这两个组分材料之间性质的差异使复合材料呈现各向异性的特点。通常来讲，复合材料垂直于纤维方向的热膨胀系数要远大于平行于纤维方向的热膨胀系数，但横向的刚度则远小于纤维方向的刚度。因此，在固化成型经历温度变化过程时，复合材料内部会产生热应力以平衡各个方向的变形，固化结束后部分应力就以残余应力的形式保留了下来，这是导致固化变形的最主要原因。

热固性树脂在发生聚合反应时，交联密度增大，体积减小，通常称之为树脂的固化收缩现象。在固化反应初期，树脂处在黏流态，尽管体积收缩明显，但并不产生残余应力，只有树脂达到玻璃态转变温度之后才会对残余应力产生影响。由于纤维在固化过程中几乎不发生体积变化，复合材料沿纤维方向的收缩应变远小于垂直于纤维方向的收缩应变，因协调变形产生了化学收缩应力。树脂的收缩效应也是导致构件发生固化变形的重要原因。

一般的，热固性树脂发生交联反应的反应速率与温度直接相关。如果构件各部分温度变化同步，树脂的固化反应也会同步进行，树脂的体积收缩和固化放热也将是一致的。但由于复合材料的各向异性性质，各个方向导热能力不同，温度分布不均，在同一时间内固化反应速率不能同步进行，反应放热量和树脂体积收缩也就不能保持一致。尤其对于尺寸较大的复杂构件，其内部的温度场和固化度场的不均匀程度就更为显著。因此，固化工艺参数如温度周期、升降温速率都会对复合材料的残余应力和固化变形产生重要的影响。复合材料固化时所用的模具材料通常是铝合金、钢和镍合金等，由于金属与复合材料导热系数和热膨胀系数均有较大差异，为协调热变形，复合材料构件内部会产生相应的温度梯度和应力梯度，当温度升高树脂进入橡胶态之后，模具与构件之间的相互作用就逐渐增大。由于界面剪切应力的存在，构件沿厚度方向会形成一个应力梯度，这是复合材料残余应力的组成之一，当构件脱模后应力释放，构件也会产生固化形变。这就是模具对固化变形的影响机理，模具与复合材料相互作用示意图如图8.18所示。

2）固化工艺参数对温度场和固化度场的影响

（1）固化工艺温度的影响。固化工艺温度是复合材料固化过程中主要的工艺控制参数之一，固化温度的选择对复合材料制品的成型质量有着举足轻重的影响。在实际的生产实践中为了提高效率，往往使用较高的工艺温度以降低生产成本，但工艺温度不合理时复合材料构件有可能出现固化不均、孔洞和细纹等现象，从而影响其使用性能。合理选择和优化工艺温度，对于提高结构力学性能、减小残余应力和控制固化变形具有非常重要的意义。

(a) 初始受力示意图

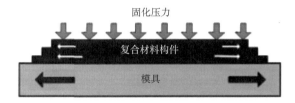

(b) 构件变形过程示意图

(c) 构件变形后示意图

图 8.18 模具与复合材料相互作用示意图

为研究固化工艺温度对固化过程中温度场和固化度场的影响，选取某种型号的环氧树脂，探究不同固化工艺温度下中心点固化度的时间历程，如图 8.19 所示，固化度在升温阶段开始后随着温度升高逐渐增大，固化反应速率先增大然后减小，然后在恒温阶段不断进行直至固化完成。还可以看到，随着固化工艺温度的升高，固化反应速率也越来越大，完成固化所需的时间越来越短。但工艺温度从 175℃提高到 200℃的过程中，固化反应速率的增大并不十分明显，这说明 175℃时基本已经达到了固化反应速率的最大值，再通过提高工艺温度来加快固化反应的空间已经很小，这也证明了该复合材料体系选择 177℃作为固化工艺温度的合理性。

（2）升温速率的影响。如图 8.20 所示，初始温度设为 25℃，固化工艺温度取为 175℃，升温速率分别为 2.5℃/min、5℃/min、10℃/min，保温时间 2.5 h，降温速率 2.5℃/min。图中除固化周期改变之外，其他参数均保持不变。从图中可以看出，中心点的固化度随时间的变化规律与前述固化度时间曲线相似，固化度随着升温阶段开始不断增大，固化反应速率最开始很小，然后逐渐增大，再在恒温阶段逐渐变小直至固化完成。从图中还可以看到，随着升温速率的增大，中心点完成固化，即固化度等于 1 所需的时间越来越短，这是因为较大的升温速率达到工艺温度所需的时间较短，但由于较大的升温速率会使复合材料构件内部产生较大的温差，所以在实际生产工艺中需要选择一个合适的升温速率。

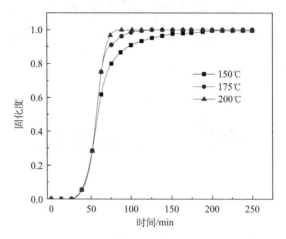

图 8.19　不同固化工艺温度下中心点固化度

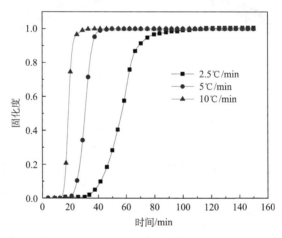

图 8.20　不同升温速率时构件中心点固化度

图 8.21 显示了不同升温速率时中心点的固化反应速率随时间的变化曲线。从图中可以清楚地看到，固化反应速率先增大后减小，且出现最值的时刻与温度峰值出现的时刻是基本吻合的，说明了温度峰值和固化反应放热之间的因果关系。此外，随着升温速率的增大，固化反应速率的最大值出现的时刻不断前移，且值也越来越大，因为较大的升温速率能加速固化反应进行的速度，从而减小固化的时间。

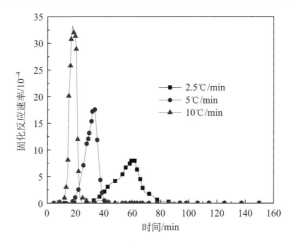

图 8.21　不同升温速率时中心点的固化反应速率

（3）铺层厚度的影响。图 8.22 描述了不同厚度时复合材料单向板几何中心点的温度随时间的变化曲线。采用三维 AS4/3501-6 复合材料单向板模型，单向板厚度分别取为 1.5 cm、2.5 cm 和 4.0 cm，其他参数均保持不变。从图中可以看出，随着单向板厚度的增加，中心点的温度升温越来越滞后，温度峰值出现的时间也越来越晚，温度峰值越来越小，其原因是单向板厚度增加时，热量从边界传到中心点的时间也更长，由于复合材料导热性能较差，当温度较高时，热量也不容易及时进行传导，所以中心点的温度峰值会较小，出现的时间也会较晚。由此可知，复合材料构件较厚时，固化成型过程中温度场不均匀增加，对构件的成型质量和力学性能是不利的。

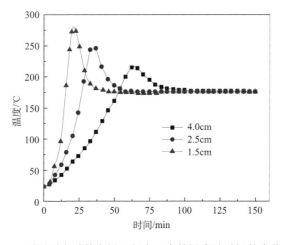

图 8.22　不同厚度时单向板几何中心点的温度随时间的变化曲线

图 8.23 显示了不同厚度时复合材料单向板几何中心点的固化度时间历程。从图中可以看出,固化反应速率有两个先增大后减小的过程分别与两个升温—恒温阶段相对应。在第一个升温—恒温阶段,同一时刻厚度较大时固化度较小,第二个升温—恒温阶段,情况正好相反,同一时刻厚度较大时固化度较大,最终厚度较大的反而较先完成了固化,其原因可以结合中心点的温度-时间历程进行解释。从图可以看出,在第一个升温阶段,由于传热需要一定时间,厚度较大时温度较小,所以同一时刻厚度较大时固化反应速率也较小,固化度自然较小。但是,由于单向板较厚时中心点的温度峰值较大,此后温度一直较高,固化反应速率也较大,因此第一个温度峰值过后,同一时刻厚度较大时固化度也较大,一直到固化结束。

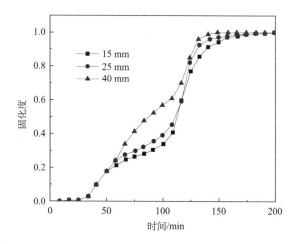

图 8.23　不同厚度时单向板几何中心点的固化度时间历程

8.4　固化炉成型技术的应用与发展

固化炉成型技术适合于低成本、大批量以及各种复杂复合材料件的制件,因此它主要用于航空航天、汽车工业装备等行业,在复合材料飞机零部件、轻量化车身、高压气瓶、复合材料储箱等领域应用广泛。如图 8.24 所示,复合材料储箱在固化炉中加热成型,经过固化后脱去内部芯模成型。

早期树脂基复合材料往往是首先成型简单形状的零件,然后通过机械连接构成复合材料部件,大量连接严重影响复合材料应用的减重效果。树脂基复合材料整体成型技术是采用固化炉共固化共胶接技术,直接实现带梁、肋和墙的复杂结构一次性制造。整体制造技术可大量减少零件、紧固件数目,从而提高复合材料结构的应用效率。其主要优点是减少零件数目,提高减重效率,降低制造成本,减少连接件数目，降低装配成本。

图 8.24　储箱固化成型

　　复合材料固化炉正朝着多功能、高精度、低能耗的方向发展，可以对固化过程中的炉内温差、产品与模具实时温度进行查看。传统复合材料固化炉不能提供压力控制，产品在固化之前一般需要进行真空袋包装，然后进行抽真空处理，固化过程中在高温环境下很容易造成产品漏气，影响产品质量，造成固化后的产品精度较差。如图 8.25 所示，随着固化炉技术发展，固化炉可以自带抽真空设备，在固化过程中不断对真空袋进行抽真空处理，确保产品从固化开始到结束一直处于真空状态。

（a）固化炉箱体　　　　　　　　　　　　　　　　　　（b）抽真空设备

图 8.25　多功能固化炉

　　为满足不同产品固化工艺参数需求，使不同产品可以在同一个固化炉的不同温度曲线下固化，美国 Wisconsin Oven 公司为一家客户装运了两套电热多区固化炉，对固化炉进行分区，固化炉的每个加热分区都配有丝网滚动过滤系统，如图 8.26 所示。过滤系统装有活塞，能够轻松拆卸、维护，同时利用外部的曲柄能够根据需要向里推进材料,可以有效利用能耗并节约固化时间。

图 8.26　多区碳纤维复合材料固化炉

思 考 题

1. 固化炉设备主要由哪些装置组成?

2. 固化炉成型过程中需要用到哪些辅助材料?

3. 固化之前对复合材料进行真空处理主要用到脱模布、有孔隔离膜、吸胶材料、真空袋等,它们是按照什么样的铺放顺序进行铺放的?

4. 产品固化变形主要影响因素有哪几个?

5. 复合材料整体固化成型的发展相对于传统的金属构件之间的连接有什么不同?

参 考 文 献

艾伦·哈珀. 2003. 树脂传递模塑技术[M]. 董雨, 译. 哈尔滨: 哈尔滨工业大学出版社.

包建文. 2011. 高效低成本复合材料及其制造技术[M]. 北京: 国防工业大学出版社.

陈平, 刘胜平. 1997. 环氧树脂[M]. 北京: 化学工业出版社.

陈邵杰. 1990. 复合材料设计手册[M]. 北京: 航空工业出版社.

陈祥宝. 1999. 高性能树脂基体[M]. 北京: 化学工业出版社.

陈祥宝. 2000. 树脂基复合材料制造技术[M]. 北京: 化学工业出版社.

陈祥宝. 2006. 先进树脂基复合材料制造模拟与优化技术[M]. 北京: 化学工业出版社.

程普强. 2019. 先进复合材料飞机结构设计与应用[M]. 北京: 航空工业出版社.

方国治, 藤一峰, 等. 2017. FRTP 复合材料成型及应用[M]. 北京: 化学工业出版社.

韩雅芳, 朱美芳, 朱波, 等. 2017. 纤维复合材料[M]. 北京: 中国铁道出版社.

何天白. 2015. 碳纤维复合材料轻量化技术[M]. 北京: 科学出版社.

贺福. 2004. 碳纤维及其应用技术[M]. 北京: 化学工业出版社.

赫晓东, 王荣国, 矫维成, 等. 2016. 先进复合材料压力容器[M]. 北京: 科学出版社.

黄家康. 2011. 复合材料成型技术及应用[M]. 北京: 化学工业出版社.

姜作义, 张和善. 1990. 纤维–树脂复合材料技术与应用[M]. 北京: 中国标准出版社.

冷兴武. 1990. 纤维缠绕原理[M]. 济南: 山东科学技术出版社.

李桂林. 2003. 环氧树脂与环氧涂料[M]. 北京: 化学工业出版社.

李明华. 2008. 纤维缠绕张力控制系统研究[D]. 南京: 南京航空航天大学.

李小刚. 2001. 编织复合材料成型工艺与性能研究[D]. 北京: 中国航发北京航空材料研究院.

刘雄亚, 谢怀勤. 1997. 复合材料工艺及设备[M]. 武汉: 武汉工业大学出版社.

刘雄亚, 晏石林. 2003. 复合材料制品设计及应用[M]. 北京: 化学工业出版社.

穆建桥. 2017. 复合材料压力容器的非测地线缠绕成型及强度分析研究[D]. 武汉: 武汉理工大学.

潘利剑, 张彦飞, 叶金蕊. 2015. 先进复合材料成型工艺图解[M]. 北京: 化学工业出版社.

沈观林, 胡更开. 2006. 复合材料力学[M]. 北京: 清华大学出版社.

谭小波. 2015. 树脂基复合材料成型工艺发展研究[J]. 科技创新与应用, (32): 155.

汪泽霖. 2017. 树脂基复合材料成型工艺读本[M]. 北京: 化学工业出版社.

王荣国, 武卫莉, 谷万里. 2015. 复合材料概论[M]. 哈尔滨: 哈尔滨工业大学出版社.

王汝敏, 郑水蓉, 郑亚萍. 2004. 聚合物基复合材料及工艺[M]. 北京: 科学出版社.

王耀先. 2012. 复合材料力学与结构设计[M]. 上海: 华东理工大学出版社.

沃丁柱. 2001. 复合材料大全[M]. 北京: 化学工业出版社.

谢富原. 2017. 先进复合材料制造技术[M]. 北京: 航空工业出版社.

谢鸣九. 2016. 复合材料连接技术[M]. 上海: 上海交通大学出版社.

辛志杰. 2016. 先进复合材料加工技术与实例[M]. 北京: 化学工业出版社.

邢丽英. 2014. 先进树脂基复合材料自动化制造技术[M]. 北京: 航空工业出版社.

许家忠. 2013. 纤维缠绕复合材料成型原理及工艺[M]. 北京: 科学出版社.

杨慧. 2008. 纤维缠绕复合材料固化工艺过程数值研究[J]. 机械强度, 30(2): 250-254.

益小苏. 2006. 先进复合材料技术研究与进展[M]. 北京: 国防工业大学出版社.

益小苏. 2011. 先进树脂基复合材料高性能化理论与实践[M]. 北京: 国防工业大学出版社.

殷美种. 1990. 酚醛树脂及其应用[M]. 北京: 化学工业出版社.

元世海, 李彦虎, 祖磊, 等. 2015. 纤维缠绕车载 CNG 气瓶的结构设计及其有限元分析[J]. 玻璃钢/复合材料, (12): 12-17.

袁楠, 李聪, 骆伟兴. 2020. 复合材料成型模具的设计[J]. 内燃机与配件, (3): 122-123.

张凤翻, 于华, 张雯婷. 2019. 热固性树脂基复合材料预浸料使用手册[M]. 北京: 中国建材工业出版社.

张福承. 1999. 连分数在纤维缠绕中的应用[J]. 纤维复合材料, 16(1): 7-11.

张少实, 庄茁. 2005. 复合材料与粘弹性力学[M]. 北京: 机械工业出版社.

赵渠森, 赵攀峰. 2002. 真空辅助成型技术[J]. 高科技纤维与应用, 27(3): 22-27.

郑传祥. 2006. 复合材料压力容器[M]. 北京: 化学工业出版社.

朱和国, 王天驰, 贾阳, 等. 2018. 复合材料原理[M]. 2 版. 北京: 电子工业出版社.

朱楠, 彭德功, 李军, 等. 2020. 复合材料模压成型工艺研究[J]. 纤维复合材料, 37(2): 33-35.

祖磊, 穆建桥, 王继辉, 等. 2016. 基于非测地线纤维缠绕压力容器线型设计与优化[J]. 复合材料学报, 33(5): 1125-1131.

Gutowski T G. 1997. Advanced Composites Manufacturing [M]. New York: John Wiley & Sons.

Rudd C D, Long A C, Kendall K N, et al. 1997. Liquid Moulding Technologies[M]. Cambridge: Woodhead Publishing.